三苏家风

刘小川 刘寅 著

中国青年出版社

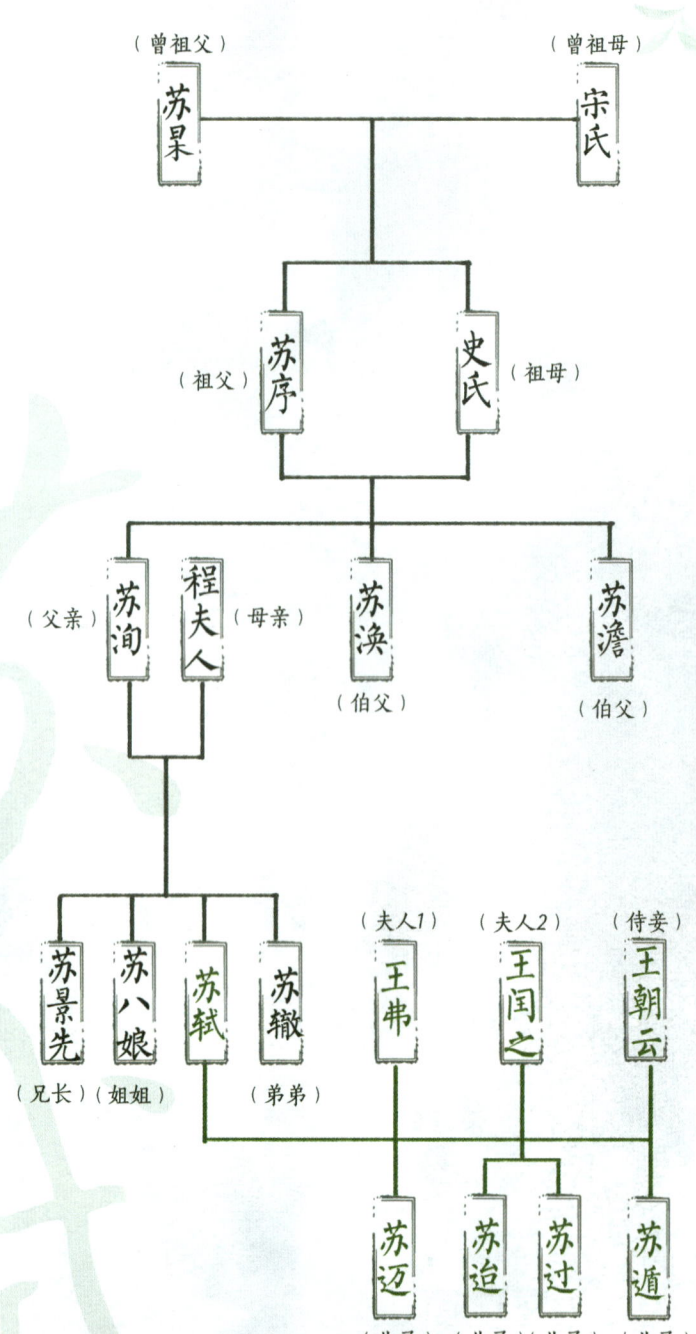

· 西蜀眉山苏序

薄于为己而厚于为人，与人交，无贫贱，皆得其欢心。

——眉山苏家《族谱后录》

· 程夫人不残鸟雀

坐于南轩，对修竹数百，野鸟数千。

——苏轼《梦南轩》

·苏轼漫步于狂风暴雨中

——苏轼《定风波·莫听穿林打叶声》

莫听穿林打叶声，何妨吟啸且徐行。

· 兄弟江边休憩图

嗟余寡兄弟,四海一子由。
——苏轼《送李公择》

夜来幽梦忽还乡,小轩窗,正梳妆。
——苏轼《江城子·乙卯正月二十日夜记梦》

·王弗对镜梳妆

目录

- 001 序
- 001 眉山
- 003 李白在眉山的故事：铁杵磨针
- 005 「修身于家，为政于乡」
- 007 苏杲
- 009 苏序
- 012 苏序在眉山不骑马
- 015 爷爷种芋头
- 017 李顺攻城，苏序守孝如平日
- 019 苏序「不学《老子》而与之合」
- 021 爷爷街边坐，孙儿傻了眼

- **028** 王安石的童年有问题
- **031** 东坡先生元气足
- **039** 费头子·树条子
- **042** 脚野
- **045** 穷
- **050** 钱
- **052** 任采莲
- **058** 黄荆树条子，打得苏轼双脚跳
- **061** 墙头的苏氏兄弟
- **063** 苏序慢悠悠讲三种光
- **066** 负面的东西也会催生正能量
- **069** 『狂走从人觅梨栗』『年年废书走市观』

- **073** 眉山好吃嘴
- **076** 程夫人不残鸟雀
- **079** 程夫人不发宿藏
- **082** 张易简摆玄龙门阵，陈太初走火入魔
- **085** 苏轼修改刘老师的得意诗
- **088** 歪风邪气有时候要占上风
- **091** 讲真话
- **093** 不护短
- **097** 打宽雄性渠道
- **103** 苏序的遗传基因很强大
- **106** 文化基因修正遗传基因
- **110** 却鼠刀

002 | 三苏家风

- 113 箕踞
- 115 猜想苏序
- 118 天砚
- 122 爷爷病了
- 125 爷爷苏序走了
- 130 骑牛读书
- 132 手抄《汉书》
- 134 南轩
- 136 平台
- 138 『纷然众人中,顾我好颜色』
- 141 甚野
- 143 十八岁的苏轼有点犟

- 149 邻家有女墙头晃
- 151 程夫人循循善诱
- 152 夫妻夜话
- 153 王弗
- 158 小轩窗,正梳妆
- 161 大江东去,浪淘尽……
- 163 苏轼漫步于狂风暴雨中
- 165 史氏
- 168 『三日饮不散,杀尽西村鸡』
- 171 妯娌
- 173 苏轼生冻疮,王弗轻咬夫君的手
- 176 程夫人睡下又起床

003

- 177 『为行者计，则害居者』
- 179 苏轼、苏辙初出川
- 181 道路的有限畅通，维系了生活意蕴的无限生成
- 182 『独立市桥人不识，万人如海一身藏』
- 185 参拜欧阳修
- 187 为子孙后代，苏洵冲风冒雪真能拼啊
- 189 公元1057年
- 191 大考在即，苏轼想念母亲
- 193 欧阳修看苏轼的考试文章直冒汗
- 195 开封街头苏老泉，且行且喜且长叹
- 197 黄金榜下捉女婿，捉走榜眼苏子瞻
- 200 欧阳修挨落榜学生的臭鸡蛋

- 202 「有大贤焉而为其徒，则亦足恃矣」
- 205 苏东坡在京城哭了
- 207 「敢以微躯，自今为许国之始」
- 209 苏东坡想爷爷了
- 211 在眉山，程夫人强撑病体
- 213 《苏轼年谱》：「程氏，为眉山大姓。」
- 215 眉山，程夫人望眼欲穿
- 216 大喜之时忽然大悲
- 218 「归来空堂，哭不见人」
- 220 王弗病了一场
- 221 丁忧
- 223 苏轼尚未做官，先已为民请命
- 225 三苏迁往汴京
- 227 江水煮江鱼
- 229 苏轼不敢有作文之意
- 231 「三白饭」与「三毛饭」
- 234 君子固穷
- 239 殿试在即，苏辙拉肚子
- 241 苏东坡考了百年第一
- 243 「苦寒念尔衣裘薄，独骑瘦马踏残月」
- 245 凤翔雪地，有古人埋藏的丹药
- 247 王弗催苏轼动身
- 249 苏老泉「加油干」，亡于京师
- 250 苏老泉的三点贡献

- 251 苏东坡不提雷简夫
- 252 苏东坡栽松三万棵
- 254 王闰之
- 256 苏东坡的三个儿子皆孝顺
- 258 『许国心犹在,康时术已虚』
- 261 苏子过大庾岭
- 263 朝云诗
- 265 须髯如戟
- 266 代际孝道不可衰减
- 268 孝道是大道
- 271 程夫人生前,常在东门码头眺望
- 273 苏轼在眉山城朝夕独行
- 275 杨济甫、巢元修
- 277 苏轼、苏辙离开家乡
- 279 我的邻居苏东坡
- 284 后记

006 | 三苏家风

序

我们一直在寻找绝对的正直与善良，找来找去，找到苏东坡。他宦海沉浮四十余年，经历了那么多事，目睹了那么多人间邪恶，依然不改初衷。初衷是什么呢？"奋厉有当世志"，要担当这个世界，让世界变得美好。他五十九岁贬岭南惠州，携家带口，陆走炎荒千里，途中写诗："许国心犹在，康时术已虚。"在大庾岭上他仰天长吟："浩然天地间，惟我独也正。"

正直的人命中注定是孤独的吗？

苏东坡是中国历史长河中的强大者，狂风暴雨奈何不了他。临终前他对三个儿子说："吾生无恶，死必不坠。"这样的话令人感到悲凉，恶之花到处盛开。

西方人说，魔鬼比上帝还要原始。

《品中国文人·圣贤传》："国与国之间只讲利益，人与人之间要讲仁义。"

仁义道德并不是孔夫子的发明，它的雄厚基础在民间，它是人际交往永恒的黏合剂，务农、做工、经商，须臾不可缺。

眉山苏家的家风，概括起来两个字：仁、孝。

《论语》："仁者爱人。"

《中庸》:"仁者,人也。"人不是别的,人就是仁。这里,显而易见的是,词语在提升人性善。

欧阳修说:"苏家先辈,邻里称仁。"

孝是维系家庭和谐最大的正能量。人在做,人在看。

孝、敬在任何家庭的缺失都是灾难性的。

苏东坡的一生波澜壮阔,他做人、做事、做官,始终如一。他的价值观是在眉山形成的,他二十一岁出川赶考,两次回来丁忧,在家乡先后待了近二十六年。本书主要探索他在眉山的岁月,追溯到他的曾祖父苏杲、祖父苏序,尤其是苏序。他的母亲程夫人被称为古代三大贤母之一,孟母、岳母记载少,而程夫人流传下来的事迹不少。

苏东坡直言不讳:"父老纵观以为荣,教其子孙者皆法苏氏。"

眉山苏家的家风、学风是一股长风,吹向了千家万户。

刘小川

2023年1月16日于眉山

眉山

苏东坡名气大,眉山名气小,但是这些年来,眉山在全国的名气越来越大。长久不衰的"东坡热"是其原因之一。中国历代文人中,苏东坡是最灵动、最有趣的人物。

他的书法落款常常是:眉山苏轼。

宋代民谣:"眉山生三苏,草木尽皆枯。"《归潜志》云:"昔东坡生,一夕眉山草木尽死。"似乎日月之精华、天地之灵气都集于三苏,导致草木不旺盛。而事实上,眉山这片土地非常肥沃,在成都和峨眉山之间有广阔的原野,有奔腾的河流。

北宋的眉州辖四县:眉山、彭山、丹棱、青神。州治在眉山。

眉山城四大姓:苏、程、史、石。

苏轼的母亲程夫人,"为眉山大姓"。

十几年间,苏家出了三个进士,程家出了四个进士。

苏家祖籍是河北的栾城,有时苏轼自称"赵郡苏轼"。唐武则天时有个宰相叫苏味道,被贬到益州做长史,他的一个儿子到了眉山,开始在眉山繁衍子孙。

眉山是当时全国三大雕版印刷中心之一，在蜀中居第一。

苏东坡诗云："我家江水初发源，宦游直送江入海。"

又云："吾家蜀江上，江水绿如蓝。"

再云："每逢蜀叟谈终日，便觉峨眉翠扫空。"

李白在眉山的故事：铁杵磨针

眉山地处成都平原的南端，一大片沃土，老百姓一代又一代耕读传家，自有一股诗书气。苏东坡名句："粗缯大布裹生涯，腹有诗书气自华。"大布指粗布。

眉山城西十余里，有一座郁郁葱葱的小山，叫作象耳山，古木森森有虎豹。年轻的李白雄赳赳仗剑来到山中，目光百步射人，据说连下山虎都有点怕他。他的佩剑叫龙泉剑，舞得风雨不透。他挺立山头，长啸如狮吼。他带的琴叫孔子琴，相传是汉末三国时孔门后裔孔融传下来的。李白的家在绵州青莲乡，离眉山不远，骑快马只需半天。他家很有钱，他本人的天资又极好，只是有些骄傲，斜眼看人，仿佛他是竹林七贤之一的阮步兵。曹雪芹的好朋友敦诚有诗句："步兵白眼向人斜。"

李白在眉山象耳山读书，耐不住寂寞。他跟自己的惰性做斗争，却斗不过眉山美食美酒的诱惑，酒楼野店处处有，今天一只烧鸡，明天半只烤鹅，天天醉酒，烂醉如泥。山中求学大半年，连一本《诗经》都没有读完。李白灰心丧气下山，腰间还晃荡着酒葫芦。路过一条小溪，他看见一位老妇在溪旁磨一根铁棒子。李白不解,问她在做啥,老妇说:"我要磨一根绣花针。"李白颇惊异,再问老妇,老妇不回答,只顾磨她手中那根又长又粗的铁杵。

太阳下山了,众鸟归林了,老妇还在磨啊磨。

李白想:这不是愚公移山吗?在眉山,应该叫愚婆磨杵。

李白顿悟了,返回山上的道观挑灯苦读,终于学有所成。从此以后,眉山人常用这个故事勉励子孙发奋读书,是为"铁杵磨针"。

据宋代《方舆胜览》:"磨针溪,在眉州象耳山下。世传李太白读书山中,未成弃去。过是溪,逢老媪方磨铁杵。问之,曰:'欲作针。'太白感其意,还卒业。"

"修身于家，为政于乡"

唐宋八大家之一的苏辙说："凡眉之士大夫，修身于家，为政于乡，皆莫肯仕者。"意思是说：眉山人并不愿意出去做官，读书主要为了修身齐家，让家乡和谐、兴旺起来。

在《眉州远景楼记》中，苏轼讲了这么个故事：每逢春耕，眉山百姓便合作生产，挑两个读书人，指挥全城共同耕耘。至秋收，按劳分配，穷人多一些，富人少一些，损有余而奉不足。苏轼先后在眉山生活了近二十六年，风俗、道德、学问，三位一体，形成了他的价值观。他对家乡评价极高："吾州之俗，盖有三代、汉、唐之遗风，而他郡之所莫及也。"

雕版印刷，眉山是当时全国三大中心之一，家家户户有藏书。著名的孙氏书楼藏书数万卷，屹立了三百多年，有唐、宋皇帝题的金匾，蜀人皆仰望焉。眉州境内自有一套民间秩序，乡人共守之，乡规民约培育了良好的民风。来此赴任的官员，若是顺应民意，百姓会记录他的事迹，并为他长久地祝福。如若不然，则"陈义秉法以讥切之"。有的官员抱怨眉山人"难治"，苏轼说，这叫"易治而难服"，毕竟眉山人几百年来读书明德，群众的眼睛是雪亮的。

公元1024年，苏涣考中眉山城第一个进士。眉山人欢欣鼓舞，从此纷纷翻过秦岭到中原，考进士，走仕途，服务国家。其后，1057年，苏轼、苏辙连同十三位眉山学子同时中了进士，仁宗皇帝惊呼："天下好学之士皆出眉山！"

两宋三百余年间，仅眉山县就有进士九百零九人，他们为政于四海，许多官员享有政声。眉山也因此成为天下皆知的进士之乡。

苏轼去世后七十余年，陆游骑着驴子过剑门关，过成都，专程拜谒苏轼老家。他行走于眉山的大街小巷，看到的是"其民以诗书为业，以故家文献为重，夜燃灯，诵声琅琅相闻"。

陆游深有感触，为眉山留下一首著名的诗作："蜿蜒回顾山有情，平铺十里江无声。孕奇蓄秀当此地，郁然千载诗书城……"

苏杲

苏轼的曾祖父名叫苏杲,是一位开苏家风气的人。他颇善持家,攒下几十亩田产,足以养家,但也到此为止。偶有余财,他不复买田,暗中散给穷人,且"尤恶使人知之"。

轻财好施,不留名。苏杲这么做,有蜀中的风俗做支撑。他始终认为:名太高,则累及自身;钱太多,则累及子孙。苏门后人都有类似的观念。

不求名,不求利,但求仁。欧阳修说:"苏家先辈,邻里称仁。"

苏杲的儿子即苏序。苏序说:"吾欲子孙读书,不愿富。"林语堂说苏序不识字,这不对,苏序识字,能看书,还会写诗,写了几千首。

苏杲临终前,夫人宋氏劝他托付独子给亲友照顾。苏杲说:"儿子要是个好人,非亲非故也会帮助他;若不好,至亲也会抛弃他。何必托付,教他向好便是了。"

由此可见,苏杲在民间称得上一位智者,一位逸人。

苏序回忆父亲:"吾父杲最好善,事父母极于孝,与兄弟笃于爱，与朋友笃于信。"这段文字引自孔凡礼《苏轼年谱》。

苏序是苏家的单传，传香火的独苗苗。独苗苗在古代不多见的。

苏序

《苏轼年谱》关于苏序的记载甚多。

公元十一世纪三四十年代,西蜀眉山有个怪老头名叫苏序,他就是苏东坡的爷爷。邻里称他"苏四大":个头大,酒量大,脾气大,嗓门儿大。他喜欢学神仙张果老骑毛驴,身上歪挂个酒葫芦,在眉山城的石板路上晃悠。他口中念念有词,旁人不大听得懂,原来他在念自己写的诗。"有所欲言,一发于诗。"苏序写了数千首打油诗,在眉山城很有名气。"敏捷立成,不求甚工。"苏东坡回忆爷爷的文章不足千字,每个字都含着亲切。

苏老爷子背负青天,手拿书卷,看书看得意了,站在大街上哈哈大笑,把路人吓一跳。小孙儿苏子瞻仰望爷爷,觉得爷爷比县太爷还了不起。城里有个茅将军庙,专门骗老百姓的香火钱,苏序带了二十几个后生去拆了茅将军庙,扯断了坏官劣绅合伙搞的利益链条,断了这些人的一条大财路。眉山的县官不讲道理,苏老爷子会冲到官厅去讲理,好像他才是上级。他的嗓门大得很,城门洞外都听得清清楚楚。眉山人喜形于色,奔走相告:"苏老爷子又骂县太爷了。"

苏序写打油诗："县太爷有啥了不起？当官不为民做主，他呀到底算老几？"

若干年以后，苏东坡写万言书，狠狠批评王安石变法。

苏序干了一件事，眉山人口口相传，传了几百年。他积粟数千石，装满了好多粮仓，城里人以为他想囤积居奇，等灾荒年来了，把粮食抛出去，卖高价，赚大钱。邻里问他，他不解释。他又念念有词，原来他在揣算天气，顺手摸摸小孙儿苏子瞻的冬瓜脑袋。

第二年，眉山果然闹天干，庄稼都干死了，人心惶惶，有人节衣缩食；有人想逃荒，逃到成都去。城里的几家粮铺趁机哄抬粮价，于是菜价也涨了，肉价翻了几番，小河沟的鱼虾被摸光，大河的鱼躲起来了，连麻雀都飞走了……

面带菜色的人们议论纷纷："囤粮大户苏序有何动静？恐怕是要卖高价喽，黄澄澄的谷子一担担挑出来，那白花花的银子哦，流进城西的苏家去。"

然而，苏序竟然开仓散粮，救济亲戚、邻居和贫困户，平抑物价。这是真的！

苏老爷子笑呵呵站在屋檐下，人们觉得他伟岸而仁慈。

眉山人奔走相告："苏老爷子放粮救灾啦！"

"急人患难，甚于为己。"苏东坡回忆祖父的文章叫《苏廷评行状》。

四十多年后，苏东坡在杭州建"安乐坊"，看病不收钱，救了千百个染上瘟疫的人。在广东惠州他自掏腰包，动员弟弟拿出珍藏的宝物，买了四十条大船，为当地人建了两座桥,桥成之日,全城狂欢,"三日饮不散,杀尽西村鸡";他又在惠州推广"秧马"技术,减轻了农民在田间的劳累;他还免费设计广州的自来水工程,没日没夜地干,解决了广州十万户的饮水问题。今人不妨参观广州市博物馆。

祖孙二人行事,好像商量过。其时,苏序早已去世,在天堂注视着孙儿苏子瞻。

欧阳修的话值得重温:"苏家先辈,邻里称仁。"

苏序在眉山不骑马

年近七十岁的苏序上街不骑马,他骑驴,有时候骑一匹黄牛,上下牛背轻轻松松。他日食斗米,吃酒用碗不用杯,喜欢拿竹筒子痛饮老鹰茶。屋子漏雨,他上房翻瓦;秋天刮大风,他冲进林子找孙子。任他枯枝败叶狂扑打,这白胡子硬汉逆风而行,连称"爽也爽也",张大嘴巴向空中,似乎要吃风。传说他可以从三丈高的城墙上一跃而下。他畅游百丈宽的大岷江,他淋了雨不喝姜汤,数九寒冬,雪花飘在眉山城,他衣衫薄,不惧严霜……

孙儿苏子瞻不足一岁就惊奇爷爷,惊奇了五六年,越来越惊奇。

孩提时代的向往是决定性的,而这种向往,眼下和未来的任何高科技不能测量。

苏轼的父亲常常在外面"游荡不学",回眉山又喜欢到处晃,结交三教九流。爷爷对小苏轼的影响比父亲大得多,而且都是正能量。从流传下来的史料看,苏序是正直、勇敢与幽默的典型人物。他在眉山城并不孤单,大环境是好的。他又是好风俗的引领者之一。

苏家有一匹好马,但苏序上街从来不骑马,他的理由是:城里有比他年纪更大的人,他就不能骑马。且听他的原话:"有甚老于我而行者,吾乘马无以见之。"这件事见于眉山苏家《族谱后录》,可信度很高。

邻居们议论说:"苏家的那匹棕色马养得油光水滑的,白吃草料哦。"

苏序去外地才骑上这匹马,远走雅州或成都。他天不亮就出发,刹那间穿过城门洞。苏轼、苏辙起床,亲爱的爷爷已在百里之外……

苏轼说:"爷爷,你在成都骑马逛武侯祠、杜甫草堂吗?"

爷爷笑道:"肯定要去逛嘛,爷爷三岁就崇拜诸葛亮啦,'丞相祠堂何处寻?锦官城外柏森森'。"

苏轼问:"爷爷,啥叫'柏森森'啊?爷爷,啥是孔明灯啊?爷爷,八阵图有石头怪吗?"

苏序对他的朋友们说:"我那个孙子哦,每天十八问……"

苏序骑驴上街,慢悠悠晃在石板路上。有一回驴病了,他要出远门看朋友,步行到尚义镇,往返二十多里路。他念着他得意的打油诗(可惜未能传下来),穿过肥沃的七里坝,穿过千亩金黄色的麦田。

"峥嵘赤云西,日脚下平地。"(杜甫)

苏轼在西城墙眺望七里坝,等爷爷归来,等得有点心焦。这个犟爷爷,出远门不骑马,这个犟爷爷十年不骑马,这个犟爷爷二十年不骑马,可是眉山人都知道苏家有一匹好马,漂亮的棕色马。

老人犹敬老,蜀中风俗好……

苏子瞻在城墙上走来走去,小男孩儿在初夏的风中思考问题。风是长风啊,熏风啊,千顷麦浪舞晴空啊。金色田野里出现了一个白发老爷爷,不是亲爱的爷爷是谁?

小男孩奔下古城墙,冲进晚霞照耀的起伏的金麦田。

爷爷种芋头

苏东坡讲他的爷爷："甚英伟，才气过人……绕宅皆种芋魁，所收极多……野民乏食时，即用大甑蒸之，罗置门外，恣人取食之。"

苏东坡钦佩爷爷，胜过钦佩父亲。

眉山苏家五亩园，绕宅皆种大芋头。种芋头，收芋头，烧柴火蒸芋头，苏家老小都动手。这是下西街苏家的寻常一景，年年都有的，左邻右舍不以为异。饥饿的人们随便吃，边吃边道谢。有些中等人家的孩子跑来凑热闹，大吃蒸芋头，却把自家的包子馒头送给穷家孩子。

苏序"积粟三四千石"；苏序绕宅种大芋头；灾荒年，苏序卖田济贫；苏序上街不骑马，笑吟吟倒骑毛驴；苏序每天写几首打油诗，"兴来一挥百纸尽"（苏轼）；苏序阔步走衙门，大嗓门儿批评县太爷，城门外都听得见；苏序对士大夫又很尊重，看眉州、雅州、益州的好官永远青眼……

苏东坡在爷爷身边茁壮成长，直到他十二岁爷爷去世。九泉下的亲爱的爷爷继续指点他，他做事会想：我这么做，爷爷会怎么看？爷爷会批评我还是表扬我？

很可能，苏序对苏东坡的影响是要排在第一位的。

先天的，后天的，庶几各占一半。

李顺攻城，苏序守孝如平日

苏序二十二岁那一年，李顺率众攻打眉山城，城内人心惶惶。其时，苏序的父亲苏杲去世，苏序丁父忧，"执礼尽哀如平日"。筑庐守孝，孝子的内心很平静，举止安详，哪管城外杀声震天。苏东坡把这件事写进了《苏廷评行状》，追忆守孝的爷爷。他又写《留侯论》，赞扬辅佐汉高祖的张子房："卒然临之而不惊。"

孝道是家风家教的核心，古代一直大力提倡，宋代尤其重孝道。

孝道的理论根据是：一个人如果是孝子，那么他在社会上即使坏，也坏不到哪里去。朱寿昌至孝，辞官千里寻母，天下人共仰。王安石丁母忧，打地铺睡谷草九百多天，孝子决不能把自己弄舒适。岳飞大元帅日理万机，仍然为母守孝，思念母亲生前的点点滴滴……

李定不孝，为了仕途隐瞒母丧，士大夫群起而攻之，司马光骂李定"禽兽不如"。

守孝三年的古制源于孔夫子。

孝顺未必好，孝敬长辈一定是好的。今日，断不可接受的是这种家庭中最大的正能量的动态性衰减。

你不仁，他不义，社会要乱套。你冷漠，他冷漠，人人都是乌眼鸡，恨不得你吃掉我，我吃掉你。——这样的局面谁能接受？

从苏杲算起，眉山苏家五代人，没有一个是逆子。

宋代有了印刷术，留下来的资料多。

苏序"不学《老子》而与之合"

《族谱后录》：苏序"性简易，无威仪，薄于为己而厚于为人，与人交，无贫贱，皆得其欢心……敝衣恶食，处之不耻，务欲以身处众之所恶，盖不学《老子》而与之合"。

苏序能享富贵，更能安贫贱。性简易，凡事不固执，怎么都行，类似今人爱说的"佛系"。家庭气氛是很宽松的。对孩子们来说，家庭气氛非常重要。苏序身为一家之主，是当地有名望的老人，吃粗茶淡饭，穿补丁衣裳，趿草鞋，摇蒲扇，不论晨昏串门子，眉山的每条街每条巷，都有他的老朋友新相知。这显然是一位洒脱、超脱的小城人物，比之汴京大人物并不逊色。应该说，苏序比范仲淹、欧阳修、司马光等当世高人活得更本真，更能享受生活，而且他长寿。他是小城高人，宋代眉山第一高人。散淡而又仁慈，古之贤人有所不及。

苏序何以长寿？一辈子活得不闹心。

苏东坡名言："吾上可陪玉皇大帝，下可陪卑田院乞儿。"

"吾眼见天下无一不好人。"

"谁似东坡老,白首忘机。"

苏东坡这些名句,听上去很像他爷爷的语气。

苏东坡贬黄州近五年,当地人称他"坡仙",他的仙风道骨源于爷爷。他对庄子钦佩得很。前后《赤壁赋》,一派道家风范,"羽化而登仙"。

爷爷有好马不骑,苏东坡做高官不坐肩舆(轿子)。爷爷有各种各样的朋友,苏东坡一生交游广泛,素心朋友遍天下。

爷爷街边坐，孙儿傻了眼

《族谱后录》：苏序"居家不治家事，以家事属诸子"。

苏东坡五十九岁说："某平生不治生计。"

平日里，苏序不管族事家事，有大事他才拿主意，"至族人有事就之谋者，常为尽其心，反复而不厌"。他是个心明眼亮的逍遥派，如果他当官，一定善于抓大事，不会去计较鸡毛蒜皮。后来苏东坡在杭州做太守，把办公桌搬到西湖上，"欲将公事湖中了"。苏东坡有个工作方法："日事日尽。"今天要做的，不拖到明天。

周济说："东坡每事俱不十分用力。"

日事日尽好睡觉，一觉拉抻到天明。

苏东坡做地方官二十年，大小公务游刃有余，治理州郡卓有成效。他做过官的十几个州，人们至今想念他，举办各种各样的活动纪念他……

爷爷苏序在眉山，喜欢坐茶馆，串门子，设酒局，登高临远，"登高赋新诗""有酒斟酌之"（陶渊明）。美食美酒他享受，但是，再难吃的食物他也不嫌，馊饭剩菜也能狼吞虎咽。"敝衣恶食，处之不耻"，苏氏族谱的记载可不是随便说的。后来苏东坡在惠州，用针尖挑羊脊骨的"微肉"，吃得津津有味，叹曰："则众狗不悦矣。"在密州，他吃野菜反而长胖，"貌加丰，发之白者，日以反黑"。一头油亮黑发，七尺刚劲之躯，千古豪放之词，"会挽雕弓如满月，西北望，射天狼"。在海南儋州，他顿顿吃芋头，喝菜羹，全不当回事儿。

把这祖孙二人方方面面仔细打量，展开抽丝剥茧的分析，找到几条关键性的连接线，九百多年来，本书是头一次。

"思想需要细心"，细心才能还原，在源头和根系上把握住苏东坡。

苏东坡的精神源头在爷爷苏序和母亲程夫人。

圣贤书是外因，家风家教是内因。

仁义的种子，克己利他的苗子，婴儿期就要试种，两三岁就要播种下去。五六岁还来得及，再往后就难了。今日中国父母，切记，切记。如果孩子长成了歪脖子树，弄直他，难于上青天。盘根错节如何弄呢？孩子长歪了，你说东他就偏说西。

人爱狗，狗晓得；人爱人，人装怪……

"性相近，习相远。"

今之国人，不妨细思量。

苏轼五岁那一年，带着不足三岁的苏辙到正西街串门子,找十四岁的巢谷(字元修)玩。这巢谷的名堂多得很,爱读书,又喜耍枪弄棍,打抱不平;他喜欢文房四宝,又熟悉野地的草木虫鸟,真可谓静也静得,动也动得。

巢谷身后总是跟着一群小孩儿,苏辙还不算最小的。

孩子们玩耍的原则是:谁的板眼儿(玩耍花样)多,就向谁看齐。孩子王是玩出来的。

巢谷在院子里修理弹绷子(弹弓),七八个小孩儿围着看。墙边屋角有若干渔具,几款风筝,还有锄头、铲子、锯子,套马的绳子,抽牛的鞭子,砍柴的斧子,多彩的石子,打狗的棍子,剃头的推子,远行的挑子,舂米的碾子,习武的棒子……哦,还有那压弯枝条的红艳艳的桃子。苏轼的眼睛盯紧了桑木弹绷子。苏辙只看大桃子。

孩子们叽叽喳喳没个完,像庭树上的一群小鸟。六岁的杨济甫赞叹:"这把桐油浸过的桑木弹绷子,太巴适了!恐怕要卖三两银子。"

巢谷一笑:"我这弹绷子,五两银子也不卖。"

陈太初一惊一乍:"五两银子啊,能买下老师家喂的那群鸡咯咯!"

巢谷说:"我这弹弓吃雀儿,不吃鸡。"

苏轼忙问:"你这弹绷子吃过多少雀儿?"

巢谷说:"五百只总有吧。斑鸠、田鸡、山和尚、白头翁,但是,翠鸟、啄木鸟、猫头鹰和丁丁雀儿(小鸟)我都不打。"

眼睛发亮的苏轼再问:"你打不打高空盘旋的老鹰?"

巢谷摇头:"老鹰太高了。我寻思用风筝去挂它。"

所有的男孩儿齐声惊叹:"哇!"

王字风筝、蝌蚪风筝、蝴蝶风筝、蟒蛇风筝、鬼面风筝,都是巢谷自己做的。

苏轼鼓起勇气问:"元修哥,我可不可以摸一摸你的弹绷子?"

巢谷把弹弓递给他。他试了试,拉不动。铁匠的儿子杨济甫也拉不动。

巢谷说:"这把弹弓我用的是硬橡胶死皮子,我九岁才拉动,打下头一只山和尚。"

苏轼握紧了小拳头:"我天天练手劲,我明年就可以!"

巢谷笑道:"那我巢元修就甘拜下风啦。"

巢谷的父亲半躺在屋檐下的懒板上,笑眯眯喝盖碗茶。

从巢谷家出来,苏轼看见爷爷坐在街沿上看书,吃了一惊。爷爷在城里城外,可是德高望重的呀,为何坐街边,像个流浪乞丐?

苏轼问:"爷爷做啥呢?"

爷爷抬起头:"坐地看书哩,听你们七嘴八舌说弹弓。"

苏轼拉爷爷起身:"我的好爷爷,连县太爷都敬你三分,你为何坐街边呢?"

爷爷摸他的冬瓜脑袋,笑道:"乞丐坐得,爷爷也坐得,皇帝老儿敬我,我也照坐不误。"

苏轼、苏辙睁大眼睛,仰望身材高大的爷爷。爷爷抱起两个乖孙子放在肩上,一边一个,一重一轻。加起来也有一百斤了,而爷爷在正西街走得轻松。

祖孙三人走在眉山的石板路上。街不宽,三丈余,三辆官车可以并驰。街两边的住户喝茶吃饭也互相摆龙门阵。街上的牛屎猪屎狗屎,顷刻被夹走,弄到田地里。家家户户都有菜园子。

一代又一代的孩子们,在街市、在野地疯跑撒欢。哦,天上都是脚板印,天天玩到黑摸门。据《苏轼年谱》,苏东坡自言:"轼七八岁时始知读书。"

七八岁以前他每天疯玩,七八岁以后他每日有半天疯玩。身心灵动是玩出来的。

直到二十世纪七十年代,蜀中孩子们的生活,大抵三个三分之一:念书吃饭八小时,睡觉至少八小时,伙起玩儿,八小时。寒暑假尽兴疯玩十几个小时,玩全城或是玩全村。越玩,花样越多。娃娃头是玩出来的。中小学生每天的家庭作业不超过半小时。

释放孩子的天性应该是常识。而在当下,常识早已丢失在最不应该丢失的年龄段。

苏轼在爷爷的肩头讲巢谷的弹绷子,爷爷说,回家就给他做一把,也用桑木杈子做,但不用死皮子。五岁的苏轼高兴坏了,使劲喊:"要浸桐油,明年我自己做,要用死皮子!"

街坊笑议:"苏家这孩子,也是个大嗓门。"

第二天一大早,苏轼拿着他的第一把弹弓玩去了,苏辙紧跟在后头,时在夏秋之交,鱼肥鸟肥,硕果累累。打鱼打鸟打鲜果,射击桉树冠上的马蜂窝,从西城打到南城,打到东城墙,盘腿坐地望着滔滔岷江,发了一会儿呆。苏子由学哥哥也是盘腿坐地,也要发呆。

草啊草,松软!水啊水,天上来!嚯,李白这么写:"君不见黄河之水天上来……"

苏轼哑然失笑:"爷爷昨天坐在街边的样子好搞笑哦,我爷爷,搞笑天!"

苏辙冲着浑阔的岷江喊:"我们的爷爷搞笑天!"

后来,苏东坡辗转大江南北,今日做高官,明天当农民,拿毛笔的手也去拿锄头,"谁能伴我田间饮,醉倒惟有支头砖"。他在东坡麦田割麦子唰唰唰,镰刀的弯刃割得雪亮。三个儿子跟在后头:苏迈、苏迨、苏过。一家子都是劳动模范,为世世代代的人们做了榜样。元祐年间他是朝廷的三品大员,上朝居然穿着道服,宋哲宗瞅他半天,又不好说什么。文武百官,皆穿朝服,唯有苏东坡穿道服。

这事儿见于《宋人轶事汇编》,清代学者丁传靖编著的。

不妨重温苏东坡的名言:"吾上可陪玉皇大帝,下可陪卑田院乞儿。"

苏东坡宣称:"我坐华堂上,不改麋鹿姿。"

这个人没有身份意识,这个人大雅又大俗,这个人能够轻松穿过社会各阶层。

托尔斯泰伯爵坐火车,专门坐三等车厢,与工人、农民、士兵聊得不亦乐乎。雨果亲近木匠、瓦匠、花匠、泥水匠。海德格尔喜欢农民，对教授圈子不屑一顾……

在汴京御街的街边上，苏东坡与王安石坐在街沿上聊天，吃烧饼，啃鸡翅，喝小酒。

苏东坡讲爷爷的故事，王安石仰天大笑，御街上的行人吓一跳。

东坡先生尝语人："王安石也是个搞笑天。"

据考古，宋代京师的这条御街宽四十余丈（约合133米），五十辆豪华马车可以并驰。王公贵族、名门闺秀来来往往。王安石的破衣服上还有虱子跳、虫子爬，苏东坡全不在意。

这叫名士风度，源自魏晋时期。

王安石的童年有问题

王安石,字介甫,大苏东坡十五岁,堪称一代奇人。但他性格倔强、执拗,有"拗相公"之称,这与他的童年生活有关。

宋人笔记称:"安石,牛形人也,敢为天下先。"

史籍又称他:"牛头虎背,目如龙睛。"

上面两句话,引自《宋人轶事汇编》。

王安石长得黑壮,蹿着走路,身子前倾。这习惯,源自他童年跟随父亲王益"宦游"几千里。磨勘与宦游是宋代官员的常态。王益磨勘三年后,官身如飘蓬,几年间在江南换了不少地方,又到蜀中梓州做通判。通判仅次于太守,并有监察太守密奏朝廷的特权。通判与太守,一般要发生掣肘。王通判脾气不大好,只因多年未能当上太守。

王益辛苦,他儿子王安石更辛苦,七八岁就跟在父亲的身后,走炎炎远路,住鸡毛小店,翻吓人的秦岭,过剑门关危险的栈道,听虎啸猿吼,昼夜提心吊胆。这小孩儿有时锦衣玉食,有时蓬头垢面、几个芋头就打发一天。

父亲千里入蜀也带着他,可能是有意锤炼。

梓州(今四川三台)道上有个神庙,当地人盛传:前来拜神庙的官员若遇风雨,将来能做大官。《宋人轶事汇编》:"士大夫过之,得风雨送,必至宰相。"

王益进庙的那一天恰好风雨大作,于是窃喜。神像前烧完高香之后,他拉着儿子昂然走进庙门外的风雨中,那山间小道泥泞不堪,王安石跌跌撞撞,滑倒又爬起,走几步再滑倒,滚入泥污凼中。然而父亲正高兴呢,似乎把他这个小男孩给忘了,仰面唱歌,昂首阔步。王安石抹一把脸上的污泥水跟着唱起来。

王安石能吃苦、不怕脏,几个月不换衣裳,至少熟悉三种虱子……

王通判入蜀,风雨拜神庙,后来若干年却未见升迁。他非常郁闷。但时人有新解:那一年梓州神庙的风雨是冲着王安石的。

王安石随父颠簸仕途,却能饱读圣贤书。再饿再累,读书不废。

这一天,下着大雨,父子二人又走在弯弯曲曲的山路上,前后几十里不见人烟。泥路坑坑洼洼,深一脚浅一脚,鞋子灌满了泥浆。王安石在风雨中跌跌撞撞,一头栽进了泥坑。

瓢泼大雨倾盆而下,王安石头朝下,满脸泥水与泪水。父亲在前边二十步,回头等他,并不过来拉他一把。王安石故作挣扎状,滚得一身泥。父亲冷眼看他拗,像看一头挣扎泥沼的小动物。双方拧着。天是欺负人的天,四周阴沉沉,千年鬼树狂舞，道旁石头狰狞。可怜的小男孩儿似乎晕过去了，父亲没动静。

他爬起来了。小泥人咬牙切齿往前走。强力意志在风雨中生成。后来他做宰相，强推熙宁诸法，对反对变法的人施以雷霆手段，不留情面。而苏东坡从小受爷爷的影响，有程夫人、任采莲的母爱环绕，爱的养分充足，为政为人，不走极端。

小时候的家庭氛围太重要了。健全人格的源头一定是在童年。

人格不健全，大富大贵也枉然。

东坡先生元气足

苏序种松树，苏洵种松树，苏轼种松树。眉山下西街的五亩园有九棵松，分别是苏家三代人种下的，凌霜傲雪，枝繁叶茂。其中，苏轼小时候在爷爷指点下种的三棵松树，长势最好，枝干峥嵘，树大根深。北宋末，眉山父老尝议论："东坡先生元气足啊，他种下的东西没有不成活的，没有长势不旺的，不信，你去瞧瞧城东苏坟山的'明月夜，短松冈'。"

苏轼三十二岁，回眉山丁父忧，在父母和妻子王弗的墓园种下三万棵松树，有他的诗句为证："手植青松三万栽。"苏轼四十岁知密州，写下悼亡词绝唱：《江城子·乙卯正月二十日夜记梦》。后来贬黄州，他种田、种树、种茶，"不令寸地闲，更乞茶子艺""自种黄桑三百尺"。在常州的宜兴，他买田，"种柑橘三百本"。在广东惠州，他建白鹤峰新居，种下他非常喜欢吃的荔枝。他宣称："日啖荔枝三百颗，不辞长作岭南人。"看来，苏东坡爱用"三"这个数字。

劳心、劳力，苏东坡俱是一流人物。

动手就是动脑。劳动和运动使身心健康。这个现象，眼下有望成为家长们的共识。

勤快人看得见勤快人,而懒人看不见勤快人,懒人只会去看比他更懒的人。

懒虫快乐吗?懒虫朝气蓬勃吗?懒虫能享受生命的鲜活吗?答案是否定的。

而网虫一般都是懒虫,坐着活,起身难,闲置四肢,拇指独大,拒户外于千里之外。

人这个物种正在退化,谁来写一本《退化史》呢?

人是什么?人是动作。正常人的一辈子,应该有亿万个动作。

动作大减,人是什么?人还能是什么?

当年哪,我们在眉山全城疯玩春夏秋冬,占地百亩的苏东坡公园只是一小块。

书包真小,天地真大。

从来只说一棵草,不说热爱大自然。

爱自然,怎么爱?这是眼下少年儿童面临的一个巨大难题。小孩子不爬树,不戏野水,对树与水的深度体验为零。李贺:"野水泛长澜。"

苏东坡种树又爬树,爬上松树追松鼠,松鼠未逮着,人却掉下来,端的是个搞笑天……

大江小河去戏水,方知浪之为浪,涛之为涛,潮之为潮,涟漪之为涟漪,细浪之为细浪。笔者九岁那一年,就和同学们一起横渡岷江,拍浪一千六百米。学校组织的,参加县上举办的纪念伟人畅游武汉长江的活动,一群城里的小娃娃,雄赳赳走到十几里外的江边,腿不软,劲犹足,扑通扑通跳进七月十六日的大岷江,几百丈宽啊。江对岸人真小。太阳刚刚隐入云层,浑阔的江面刹那间起风了,白浪高一尺,数十个儿童全然不惧……

"自信人生二百年,会当水击三千里。"(毛泽东)

而当时吃穿住非常简朴,小孩子却玩不够,玩不累,玩不饿。为什么?

活着要像"撵山狗",焉能变成"圈养鸡"?

物质欲望在很大程度上是被虚构出来的。

由于圈养鸡的出现,"走地鸡""溜达鸡"这类词就流行起来,就成了南方北方的稀罕鸡。

溜达鸡味道好呀,圈养鸡的肉像一堆老棉絮。

反思互联网的负能量乃当务之急。

拇指取代四肢意味着什么呢?脑袋定在屏幕前,眼珠子的滑动类似玻璃球。这是生命史上的大笑话。互联网叫作"互抵网",它让事物的能量互相抵消,让下午的热点吃掉中午的热点,让网民的兴趣点瞬间转移,让人的喜怒哀乐迅速变成过眼云烟。到头来,人关注什么?

网瘾患者被连根拔起。网络兴奋乃是无根兴奋。嗜网者的现实感受力、现实判断力与现实生活是错位的。这种错位一旦旷日持久,就会形成铁瘾头。瘾头人回头难。

无根意味着:对天地万物、人间万事都不在乎。或者表面上很在乎。

无根意味着：人是人的丰富性的对立面。

无根意味着：人被连根拔起。

法国人早已立法，禁止小学生使用手机和电脑。为什么？保卫这个年龄段孩童的健康成长。

2018年，联合国正式把网瘾列入疾病分类。这标志着全人类向网瘾宣战。

什么病？精神病。网瘾精神病的症状复杂，治疗艰难。

互联网又叫"瘾在逗"，它急剧推高兴奋点。这种急剧推高，这种循环刺激，已导致大面积的麻木、无聊、冷漠、暴戾。

心理顽疾，庶几无药可医。生命质量无从谈起。互联网让人与天地万物失联。

网络强势，少年儿童弱势，实在经不起瘾的逗。悲剧和准悲剧已经太多了……

手机上瘾，六亲不认。遑论亲近大自然。

早年释放天性，乃是所有创造性人物的共同特征。自然科学家们不例外。

中国的学龄前儿童，一定要抓紧玩，伙起玩，尽可能满足天性的需求，不怕各种挫折。否则，小孩子大起来，毛病就随之钻出来，拧着活，逆反成常态，一家子搅成一堆乱麻。乱麻家庭知多少……

早年的任何压抑，在未来都会以病态的方式释放出来。

天下父母，天下老师，请牢记这一点。

少年要活出主动性，要动手，动手就是动脑。这类话笔者不避重复。

雨果、尼采、托尔斯泰、鲁迅、爱因斯坦、维特根斯坦，都是干体力活的好把式。

1926年，德国弗莱堡大学副教授海德格尔写道："山上八天的林工，然后继续写书。"这本书，就是被称为人类最杰出的几本哲学著作之一的《存在与时间》。林工活不只是伐木，还要运木、改木。海氏是小镇上出色的木匠，摆弄锯子、锤子、斧子，跟玩儿似的；大师又喜欢踢足球和高山滑雪。

六十七岁的托尔斯泰伯爵这么说："用简单的体力劳动的方法，从脑力劳动中得到休息是何等愉快啊！按照季节，我每天或是耕种土地，或是锯木材和劈木头，或者用镰刀干活，或者用别的工具干活。至于犁地，你想象不出那是一种什么样的满足，它纯粹是一种享受！血液在你的血管里快活地流着，你头脑清醒，感觉不到双脚的重量——还有那以后的好胃口，还有那睡眠！对于我，每天的运动和体力劳动，就像空气般不可缺少。要是长时间坐着从事脑力工作，没有体育锻炼和劳动，那真是一种灾难！"（引自《品西方文人·托尔斯泰》）

托尔斯泰讲得真好。他是贵族，有十三个孩子，个个善于动手。

两三岁的小孩，都是喜欢自己动手的，内驱力是好奇心。存在的惊奇是决定性的。

存在的惊奇：居然有这种或那种东西，如此这般地存在着。而大人去溺爱，凡事代劳，小孩子就懒了，生出惰性来。惰性一生二，二生三……世界急剧收缩，收缩到电脑。人脑受制于电脑，年复一年动弹不得。——这是二十一世纪最大的异化。

少年嗜网成怪癖，小小年纪坐着活，从早晨坐到黄昏，又从黄昏坐到早晨，挨着一堆方便面或外卖。衣来伸手懒洋洋。而窗外鸟在叫，花在开，草木在舒展，连蚊子都在滑翔黄昏……

互联网滋生的心理疾病，人格缺陷，意志薄弱，身体僵化，可作专题研究，一定要下功夫，追问再追问，质疑再质疑，反思再反思，警惕再警惕。

互联网作为工具是有大用的，而它对精神世界与身体主动性的恶劣影响，它所释放的巨大的掏空人的瘾头负能量，决不能低估。

低估意味着：付出生命质量的代价。

爱是什么？爱是克制爱。

当母爱直奔本能的满足之时，溺爱就来了，溺爱的种种后果随之而来。长辈溺爱子孙的无穷细节，殊难细腻捕捉，更难及时反思。

民间是这样总结的：慈母多败儿；溺爱要护短。

从正反两方面洞察人性，乃是中国传统文化的弱项。

这个弱项，形成了千百年的风俗，波及长远。

小孩子扛着锄头去种花，一朵花就成为情感之所系。花朵就比它自身更多，从花蕊到残红，从春风到秋风，小孩子会去关注。渐渐爱上了，早晚牵挂了。纳兰容若的爱人有个细节：雷雨天，她用双手紧紧护着花卉，狂风暴雨中透不过气来，她不肯走开。曹雪芹写《葬花吟》，前无古人后无来者。花吐芬芳花凋零，直接是大观园群芳诸艳的命运。"花谢花飞花满天，红消香断有谁怜………"

小孩子种花种树奔向广阔的原野吧，冲出水泥森林，甩开互联网。

存在的惊奇先于一切美感，惊奇生亲切，亲切生美感。

美学不那么复杂的，并不需要读许多大部头，朱光潜、李泽厚，随便翻翻可也。

对儿童来说，一件最不起眼的东西也会非常好看，为什么？儿童朝夕摆弄它，对它有了亲切感。儿童对地上爬行的一队黑蚂蚁都有亲切感；儿童一般不喜欢红蚂蚁。是非观在一块泥地上悄然孕育。爱憎要分明。是非要明确。小孩子趴着、盯着，对黑蚂蚁、红蚂蚁争论不休……

爱这个世界，怎么爱？释放存在的惊奇，培养对周围世界的亲切感。

千方百计保护孩子的好奇心，千方百计培养孩子的亲切感。

决不轻易去干预孩子。而在眼下，轻易干预孩子的父母密密麻麻，分布在所有阶层。祖辈的干预，情绪含量更高。

真麻烦。愚蠢形成气场,叫作愚不可及。

苏东坡是生活大师,他的动手能力是很强的,且一生不变。他种树、种茶、制陶、制墨、酿酒、做菜、制药、造桥、设计长堤、园林和居所……《苏轼年谱》引《苏轼诗集》,东坡自言:"予少年颇知种松,手植数万株,皆中梁柱矣。"又云:"故山松柏皆手种。"

苏东坡动手的故事足以写成一本书,对今天的青少年是个实实在在的提醒。

"五育并举"要落到实处,真难啊。

费头子·树条子

《三字经》说："苏老泉，二十七。始发愤，读书籍。"

苏老泉即苏洵，苏轼的父亲。小时候的苏洵是眉山城的费头子，天上都是脚板印，天天玩到黑摸门。"费"是顽皮、淘气的意思，"费头子"类似孩子王。苏洵爬树手脚并用，比峨眉山的猴子还利索；苏洵畅游滔滔大岷江，"弄潮儿向涛头立"。苏洵跳进城西的大池塘，摸鱼捉虾掰爬海（螃蟹），踩水抖脑袋，躺在水面上，欣赏荷塘月色。

踩水、躺水、抖水，都是民间的游泳技巧。二十世纪七十年代，眉山犹有"浪里白条"，踩水踩到齐腰，潜水可潜三分钟，水底闲步二百米……

且说那苏洵扑腾池塘来了野性子，搅得水花四溅，吓得水蛇逃、乌龟藏、鲤鱼跳、翠鸟惊飞。苏序老爷子来找儿子，喊："三娃儿哩，你狗东西钻到哪儿去了哦？你这狗东西哦！"

"狗东西"却在水下优哉游哉，笑眯眯的样子，嘴里含一根竹筒通气。苏序急匆匆游走于池塘边，心里有点慌，脚下有些乱，白胡子抖抖抖。忽见一道白影子冒出水面，跳上岸来，抓起草丛中的衣裳裤子开趟子跑，快步流星。那苏老爷子也敏捷，闪电般追过去……有时苏洵被父亲捉住，衣领子被父亲的大手提起，却拿足尖点地，双臂展开如大鹏起飞，对路边看笑话的街坊娃儿说："反正要挨打，不如先耍耍。"

苏家五亩园子，有一棵黄荆树，苏洵最怕黄荆树的树条子，这种树条子又长又细，俗称凶柔条，谐音凶肉条，打得屁股超痛，却又不伤筋骨。苏老爷子边打边念打油诗：打你贪玩又贪耍，打你上课不念书，打你活得像头猪。

苏洵上学堂，对同窗说："猪有猪福气，回回拱到红苕地。"

同窗问："黄荆条子抽你屁股，抽得暴起一条条猪儿虫，以后你还野不野？"

苏洵把眼皮一翻："野啊，咋不野？黄荆条子算啥子，'笋子炒肉'我不怕！"

"笋子炒肉"指竹片体罚。眉山的孩子几乎都吃过笋子炒肉，个个抗压力强。适当体罚小孩，看来永远管用。中国民间几千年的法子不可丢。给孩子讲道理一定要慎重，讲多了，就是耳边风。耳边风却还要讲道理，就会形成一股逆风。逆风旷日持久地吹，就不可再逆了……

话说苏洵闹够了，野够了，疯够了，倚墙发一会儿呆，顺手拿起书卷来，念书看到天黑，掌灯又念。苏序在窗外听书，摸着自己的七寸胡须。苏家的老大、老二都爱读书。城里人都爱捧书卷，"夜燃灯"，各家各户传来读书声……

苏序观察老三，寻思："这个野娃儿，说不定要野出名堂哩。"

夜燃灯啊,这可是陆放翁讲的。今日眉山人,勿忘陆放翁。勿忘,勿忘。

如何让儿子野出名堂呢?苏序骑毛驴,在眉山城外的孙氏书楼下打转。这孙氏书楼有唐、宋皇帝赐的金匾。苏序眼前灵光一闪:"让老三野到外面去长见识?"

俗话说,读万卷书行万里路嘛。

脚野

苏洵打点行装，腰间系一条皮带，斜挎三尺剑，雄赳赳野出去了，野上了峨眉山金顶，野出了长江三峡，越荆楚，入中原，见识了大世界。家里人巴望他有大出息，日日折断门前柳。他回来了，说话南腔北调，举手投足有派，大谈汴京的大人物范仲淹、欧阳修、富弼，还有韩琦韩相公！听上去，这些京城大人物都跟他有某种关系。左邻右舍也来听他讲，看他得意扬扬。讲完了，他的眼睛亮如青油灯。有人却问："苏处士，汴京黄金榜上，有你苏洵的大名吧？'书中自有黄金屋'哦，大宋皇帝老儿说的！"

处士，指民间未做官的读书人。苏洵的亮眼睛顿时黯然失色：进京考进士，一考再考，名落孙山。他已成家，妻子程夫人出自眉山的大户人家。程夫人生了两个儿子，长子苏轼，次子苏辙。接下来怎么办？苏洵还行不行万里路？全家人等着苏序拿主意。这老爷子喝着洪雅县道泉茶，摸摸孙儿的冬瓜脑袋。他开了金口："老三，明年还想出去？"

苏洵忙道："想！"

于是，苏洵又野出去了。邻居揶揄："苏家老三就是脚野，钱多了，一把把花买路钱，铜板白白撒一地。"

有人编顺口溜："苏洵苏洵没出息，大把银子花出去，挣球不来黄金屋，倒是气煞颜如玉。"

蜀人很幽默的，眉山人尤其幽默。

苏序听见了难听的顺口溜，装作没听见。其实，家里穷了，程夫人上街做生意，卖布帛，赚的钱都成了丈夫的买路钱。苏轼、苏辙正在吃长饭，一顿顿狼吞虎咽，刚吃完又嚷嚷肚子饿；又上学堂，交学费，裁制新衣服。程夫人悄悄典当她的嫁妆……

丈夫出远门一年半载，终于回眉山啦。这一回，光鲜出远门的苏洵归来，却是灰头土脸，衣裳破烂，语言混乱，一副魂不守舍的样子。眉山城的二杆子(街头混混)故意高叫："哪儿来的叫花子哦，又脏又臭的叫花子哦，大言不惭牛皮吹上天的叫花子哦。"

更有城南的地痞冷言嘲讽："听他苏洵吹，小衣都要飞。"

程夫人心都紧了，公公苏序依然不动声色。这位小城高人对邻居说："老三我不愁，迟早要出头。出头去哪里？汴京有消息。"

邻居们笑笑而已，并不当真的。有人窃议："苏家人嗓门大，爱说大话。"

小城高人并不解释。高人何以称高人？且看眉山的苏序老爷子，骑驴闲逛半座城，唱歌，哼词，箕踞，畅饮葫芦酒……高人的一般特征，叫作胸有成竹。

苏洵这次回来的变化是：一头扎进书房南轩，半夜三更还在苦读。

问题是：苏洵还出不出去？眉山城的街坊议论纷纷，苏家压力大哦。

舆论不利于眉山苏家。程夫人"耿耿不乐"。苏序背着手，徘徊五亩园，慨然吟诵打油诗，以示自强不息：苏家想要雄起，遇事就要稳起。遇事不能稳起，大家都要遭起！

司马光说，苏家曾经"极贫"。据苏东坡晚年在海南儋州回忆，眉山苏家三代人，穷困过好几回。苏东坡的回忆录叫《东坡志林》。

穷

苏序手散，动不动就接济这个、帮助那个，积蓄是没有的。苏洵曾经"游荡不学"，脚野费银子，上峨眉、走乐山、下青神，又不挣钱，只晓得花钱。二十七岁他终于醒悟了，谢绝了城里的酒朋诗友、狐朋狗友，发愤苦读圣贤书，千里进京去赶考，花银子跟淌水一般。十几年考三次，三次榜上无名，水路陆路千余里回老家眉山，又费掉许多盘缠。苏洵愁啊，"举杯消愁愁更愁"（李白）。可是程夫人比丈夫更愁，家里渐渐入不敷出了，纱縠行的布帛生意并不能年年兴旺，程夫人起早贪黑地做，遇上年景不好，顾客少，店里的收入明显减少，她又不忍心辞退家里的两个丫鬟；石佛镇尔家川的田产有时收成不济，苏家就越发困顿，米缸子眼看要空了，肉食成了稀罕东西。顿顿萝卜青菜，青菜萝卜，锅里碗里，油珠子看不见几个。清汤寡水一顿，半饿半饱又一顿。而苏轼、苏辙正在吃长饭，往日一口一个白面肉包子，现在连粗粮饼子都只能分成几块。咸菜稀饭一吃两个多月，偶有肥膡膡的猪肉端上了桌子，打一回"牙祭"，程夫人和乳母任采莲是不尝的。小苏轼咬肥肉满嘴流油……

有一次，苏轼看见母亲在厨房舀米，舀起一碗又倒回半碗。

有一天，苏轼看见爷爷在酒铺子前面徘徊，晃荡着大号酒葫芦，终于未打酒，蔫不唧地回家。那些天爷爷没精神，身上无酒香，椅子上打盹儿睡黄昏……

昔日苏轼放学回家，先溜进厨房，母亲切腊肉他就尝腊肉，乳母蒸包子他就伸手拿包子。眉山儿歌这么唱：菜板上，切腊肉，有肥又有瘦。你吃肥，我吃瘦，小儿啃骨头。啃完骨头扔给狗，狗叼骨头满街走……可是如今闻不到牛肉香羊肉香了，苏轼揭开锅盖，又看见半锅青菜，不禁嘟哝一句："吃得我整天流青口水哦！"

半夜他饿得心慌，居然饿醒了，冲进厨房找吃的，却只找到一块豆腐乳，张大嘴巴吃下肚，咸了后半夜……早晨起床只想喝米汤，乳母只端来半碗青菜汤。后来，苏东坡不爱吃青菜汤，不爱吃豆腐乳。各地菜肴千百种，苏东坡不爱吃的就是这两种。

第二天，夜里三更时分他又醒了，肚子咕咕叫，枕头边却有一块粗粮饼子，于是三两口塞进嘴巴。吃噎了，奔厨房的水缸灌冷水，使劲抹胸口。谁放的饼子呢？多半是乳母……

爷爷戒酒，母亲生病，乳母沿着城墙挖野菜，而父亲不知在何处逍遥。苏轼苏辙两兄弟，衣裳鞋子打补丁，天庆观小学的同窗们，有同情的，有挖苦的。一个叫章二娃的同窗嘲笑说："子瞻兄，你爷爷是不是勒紧腰带囤粮食，有朝一日开仓散粮啊？你爷爷还要卖田救穷人啊？"

还有说得更难听的："全家勒腰带，兄弟皆菜色。上课打瞌睡，回家吞口水。"

章二娃故意问："为何回家吞口水啊？"

章二娃自问自答："因为只能吞口水。"

几个调皮娃爬上课桌大吞口水。

一日上学，章二娃在苏轼面前啃完了半只烧鸡，并且吮指头……

程夫人卧病多日，又挣扎着去开店铺的门。她扛布匹过门槛摔了一跤，额头碰出血了，邻居们看着心疼，劝她回娘家拿一些银子贴补家用。她说："我回娘家拿钱，别人会笑话我的丈夫。"

程夫人总是这个理由，她嫁到苏家近二十年了，一直是这个简单的理由。

程夫人的娘家是眉山县首富。她不回娘家拿钱拿物，在眉山无人不知。后来，司马光记下了这件事。程夫人的性格也有倔强的一面，她敢于上街开店做生意。唐宋六百年，商人地位低。士农工商乃是古代不变的阶级排序。

苏东坡的孩提时代，经历了数次"穷厄"，时间可能不长，最长的几个月而已。

对小孩子来说，穷困一阵子，穷日子似乎就望不到头，甚至担心吃了上顿没下顿。苏轼去瞧米缸子，去店铺数银子，去竹林掰笋子，馋肉馋慌了吃虫子……穷日子细节多多印象深。

《红灯记》唱得好:"穷人的孩子早当家。"

俄罗斯伟大诗人普希金,赞美到处流浪的吉卜赛人:"由于贫穷而得到保障的野性自由。"

适度的物质拮据有利于精神的飞升,古今中外,例子多如牛毛。

物欲旺盛,精神委顿。这是铁律。

苏东坡爱物惜物,跟他儿时的记忆是大有关系的。

乳母任采莲唱着几辈人传下来的歌:"惜衣得衣穿,惜鞋得鞋穿。新三年,旧三年,缝缝补补又三年。"

笔者有个朋友,把他的儿子送到某公司上班,公司老板是他的旧交,并不知情。年轻人在公司干粗活、扛重物、当保安,风里来雨里去,吃了很多苦。公司老板知道了底细,要给年轻人换岗,那位朋友及时劝阻,还在电话里讲了一通道理。他儿子苦了半年,像换了一个人。有一天,父子二人在成都街头喝夜啤酒,儿子喝着,述说着,哭起来了。父亲不安慰,只拍拍儿子结实的肩膀。从儿子的言语和表情中他得知:儿子懂事了。儿子收泪,扬头干了一杯酒……那天晚上诞生了一个男子汉。

眉山有个故事:一个中学生,总不乐意他父亲去学校开家长会。他父亲是拉人力三轮的,一次又一次拉车到校门口,让他丢人现眼,在同学中抬不起头。但是,某日发生了一件事:父亲收到一张百元假钞,回家发现了,不吭声,不顾劳累,塞几口饭又出车了,在大街小巷奔跑到后半夜,要把那一百元钱挣回来,为儿子攒学费。儿子放晚自习,听妈妈道了原委,也不吭声,冲出门去找父亲,找到了。这儿子,悄悄跟在人力三轮车的后面跑,跑哇跑哇跑哇,跑过了三条大街,跑过了五条小巷,忽然蹲下,放声大哭。一夜间,孩子长大了。孩子知道爸爸的艰辛了。孩子有了价值观:尊重一切劳动者。

钱

程夫人做生意挣钱辛苦,小苏轼看在眼里。母亲在灯下数铜板,把铜板攒起来,把银子放进红木小箱子,母亲还用手摸一摸银子,轻轻舒一口气……可是母亲取银子的时候并不迟疑,有时攒了半年的钱一次就取空了。装银子的箱子空空如也。这箱子是程夫人的嫁妆……

俗话说:"一文钱难倒英雄汉。"

六岁的苏轼问爷爷:"爷爷,母亲挣钱攒钱不容易,为何一次就取空呢?这是不是大手大脚?"

爷爷说:"该用时就得拿,我们苏家,从来不会无缘无故、大手大脚地花钱。"

苏轼再问:"爷爷拿几千石粟米送人,难道不是大手大脚吗?"

爷爷摇头:"粟米不送人,很多人就会饿死。钱米固然贵重,人命却是关天啊。"

苏轼使劲点头。爷爷赞许地摸摸他的脑袋。

大道理一点就通了。这就是苏轼与他的爷爷。

"富贵不能淫,贫贱不能移。"孟子是这么说的。宋代,孟子的地位非常高。

苏轼后来对朋友说:"难蓄此物(钱)。"

他在黄州写诗:"若问我贫天所赋,不因迁谪始囊空。"

苏轼二十多年做大官,俸禄丰厚,"随手辄尽",帮助这个救济那个。贬黄州他钱粮无算,很穷很穷,为了救黄州可怜的女婴,他率先捐一万钱(全家近三个月的生活费),成立了"育儿会",破除了黄州溺女婴的恶俗。女婴长大了,又减少了黄州的光棍汉……

苏轼对待金钱的态度,简直跟爷爷一模一样。

他的书画作品宋代称第一,却不曾卖过一幅字画。士大夫的审美情趣与金钱无关,所以才会产生顶级的艺术品。李、杜写诗,并不挣钱。

范仲淹、司马光、范镇、王安石、文同、曾巩、刘廷式、郑侠、黄庭坚、朱寿昌……宋代的士大夫对金钱的态度,总体说来好于唐代。

司马光居洛阳十五年,发起"真率会",七个国家重臣每次聚会,三菜一汤。司马光要为全国的官员做出表率,力戒官场的奢靡之风。

司马光自况:"食不敢常有肉,衣不敢有纯帛。"

他是高官,却在简陋的地下室写《资治通鉴》。

南宋的岳飞元帅官至一品,岳飞的夫人李氏一直穿布衣。

岳飞名言:"文臣不爱钱,武臣不惜死,天下太平矣。"

任采莲

　　任采莲还是小姑娘的时候，就跟着程夫人到苏家，做陪嫁丫头。据《苏轼年谱》，苏轼大约从几个月起吃她的奶，也许程夫人奶水不足。二十多岁的任采莲何以有奶？这是一个谜。她嫁过人吗？这一点不确切，但是她显然生过孩子。

　　任采莲病逝于黄州，享年七十二岁。苏轼为她撰写墓志铭。

　　墓志铭不是谁都能写，更不是谁都能获得的。士大夫替人写神道碑或墓志铭，价钱可观，不妨参考叶烨《北宋文人的经济生活》一书。苏轼一生写的墓志铭寥寥无几，他自己说："独铭五人，皆盛德故。"这五位盛德之人，如欧阳修、司马光、张方平，他不收亲属一文钱。其他亡人都是家人，王弗、任采莲、杨金蝉、王闰之……王公贵族，高官巨贾，千金万金请不动囊中羞涩的苏轼。

　　人分三六九等，苏轼却为下人写墓志铭。杨金蝉是苏辙的保姆。

　　苏轼《乳母任氏墓志铭》："乳母任氏，事先夫人三十有五年，工巧勤俭，养视轼之子迈、迨、过，皆有恩劳。铭曰：生有以养之，不必其子也。死有以葬之，不必其里也……"

苏轼在黄州，为孩子们热爱的任奶奶举行了安葬仪式，妇孺恸哭，里人举哀。尤其是先天不足的长头儿苏迨，伏在任奶奶的棺木上哭得不省人事。苏轼离开黄州时，专门去跪拜乳母坟墓。

任采莲"工巧勤俭，养视轼之子迈、迨、过，皆有恩劳"。这个评价很高，任采莲之名因苏轼而流传下来。她从小姑娘到老奶奶，照顾苏家三代人，她的勤劳和仁慈对苏轼有难以测量的、深入肌肤的影响。苏轼吃她的奶，听她唱儿歌、讲民间故事，看她从早到晚忙忙碌碌，帮她拧衣裳、晒衣裳、收衣裳……

任采莲是苏轼的另一个母亲，后来是他的三个儿子的好奶奶，"皆有恩劳"。

母性的呵护对小孩子的成长是至关重要的。王安石小时候缺少这种呵护，他性格执拗。苏轼在十二岁前，见到父亲的时间短，爷爷和两个母亲朝朝暮暮在身边。长到两三岁，也许他分不清哪个是生母，哪个是乳母。嗅觉、触觉都分不清。苏轼有了弟弟以后，乳母带他睡。苏轼依偎在她温暖的怀抱。

从几个月到几岁，从儿童到少年，两个母亲环绕着苏轼。苏轼还有过三个姐姐，其中一个叫八娘。南唐李后主"长于妇人之手"，对南唐百姓十分仁厚。苏轼有相似的成长环境。

任采莲不识字，但是知识与善良是不能挂钩的。笔者的岳母不识字，却非常善良。

程夫人、任采莲具有绝对的善良，她们的笑容和日常举止，点点滴滴渗透苏轼。

首先是做人，否则一切都无从谈起。人不善，一切都是扯淡。文气与正气是相通的，中国历代文豪大多是正人君子，歪风邪气写不出传世文章。在中国民间，程夫人、任采莲这样的女性不计其数，这是支撑一个民族生生不息的隐形伟力。

苏轼做官四十年仁慈无边，源头是家风。风是无形的，不必形成文字。家风不好了，家教出问题了，倒是需要戒律一类的文字来加以约束。笔者相信，历史上的好家庭，大概都不需要形成文字的家风家教家规。即使有，也比较简单，平时挂在嘴边就行了。

大人在做，小孩在看。孔子"庭训"儿子孔鲤，并不写成戒条。

眉山的小孩子做错事，挨黄荆条子，跪祠堂的列祖列宗。长辈的训斥通常是有效的。

苏杲骂苏序，苏序骂苏洵，苏洵骂苏轼，苏轼骂苏过……人要生气的，生了气如何不骂？

出自眉山名门的程夫人不骂人，偶尔说几句气话。任采莲不骂人，有时候她唠叨、抱怨。苏家大大小小的事情，她记在心里。她感觉不到自己的下人身份，她是苏家的半个女主人。

苏洵去世后，任采莲一直在苏轼身边，到杭州、密州、徐州、湖州。苏轼因"乌台诗案"贬黄州，任采莲一路跟随，料理家务，照顾苏迨和苏过。苏迨先天不足，三岁还不能走路。

宋神宗元丰三年（1080），苏轼谪居黄州，钱粮无算，布匹紧张。青黄不接时，日子尤为拮据。牛羊肉吃不起。全家十几口必须厉行节约。乳娘任采莲想起了一个眉山老办法，转与王闰之夫人商量。

闰之夫人喜曰："好哇，好哇。"

次日，开饭了，饭桌上方吊下来一块二尺长的咸牛肉，很馋人。孩子们埋头吃米饭，抬头望牛肉，下饭菜除了白菜便是泡菜。任奶奶说，看一眼咸牛肉扒一口饭，受吞，好吃。

在眉山，这叫"咸肉止馋法"，一般吊肥瘦相间的二刀牛肉。

苏迈带头看肉，大口吃"鼓眼饭"（没有下饭菜，眼睛鼓起），吃得很受吞的样子。苏过崇拜大哥，听奶奶的话，看一眼咸肉，吃一口饭，转眼吃光了一碗饭，又下桌舀一碗，认认真真坐下来，先看肉。大哥表扬说："弟弟，你吃得多长得快，过两年就跟二哥一样高了。"

苏迨表示不满："哥哥，难道我不长个吗？过两年我比你还高！"

任奶奶摸摸这个长头儿，笑眯眯说："都高，都高，迨儿赶紧吃吧，咸牛肉的味道就是好。"

苏迨看牛肉，并不觉得嘴里有味道，于是再看头顶上的咸牛肉。苏过发现了，立即告状："奶奶，二哥他多看了一眼咸牛肉！"

任奶奶严肃地说："不管他，咸死他！"

苏轼忍俊不禁，进厨房笑去了。

第二天，那屋梁上吊的二尺咸牛肉少了一角，不知道谁干的。苏迈已是小伙子，追着两个弟弟问，问不出结果。苏迨、苏过都不承认。

苏迈说："正午时分不招，下午仔细皮肉！"

过了正午，仍无结果。苏迈拿出了家传的黄荆条，说："老二老三，先各挨二十下！"

苏过哭道："凭什么各打二十下啊，糊涂官断案不公，不公！"

长头儿苏迨翻着眼皮，似乎在犹豫。任奶奶走过来了，她讲了一个司马光六岁撒谎挨打的故事，王闰之、王朝云含笑旁听。这个故事是当年司马光亲口对苏轼讲的。

司马光，字君实，号迂叟。他六岁那一年，家里的女仆用开水除掉核桃的青皮，父亲司马池回家，问谁用这巧法子，司马光站了出来，煞有介事讲了一通，说是他除掉了核桃皮，结果，挨了父亲一记响亮耳光。他撒谎，不诚实。脸上火辣辣的痛，六十多年后他还记得。耻感植入皮下，深入内心。父亲要他做诚实的君子，"君实"二字，由此而来。父亲的耳光和教诲，司马光终生不忘。有一次，司马光卖一匹马，吩咐仆人对买家说："马有肺病……"

任奶奶讲完了，长头儿苏迨低下头。大家都望着他。过了一会儿他抬起头说："我干的，我割了一块咸牛肉烧来吃，我该挨打。"

苏迈点头道："老二主动认错，少挨十下。"

于是，老大用黄荆条抽老二的屁股，下手并不轻，打得老二伏地呻吟。任奶奶不干预，老二老三的母亲王闰之也不说什么。苏家的规矩历来如此。

母亲心疼，忍泪而已。

苏迨挨完了打，父亲抚摩他的冬瓜脑袋。

苏迨仰面问："爹呀，你小时候挨过打吗？"

任奶奶说："你爹和你一样调皮，没少挨打。"

迈、迨、过兴奋了，异口同声："奶奶快讲，父亲小时候如何挨打？"

慈眉善目的任奶奶，脸上笑成一朵花。孩子们专心听父亲挨打的故事。

黄荆树条子，打得苏轼双脚跳

苏洵小时候挨打挨得多，苏轼挨得少，苏辙几乎不挨打。

今日眉山三苏祠，有一棵近千年的黄荆树，那树条子抽过苏家几代人的屁股。笔者当年念城关一小，学校挨着三苏祠，一墙之隔，翻来翻去很方便，打鸟钓鱼追猴子，摘桃摘李摘杏子，弹弓远距离打灯泡，啪，落一地玻璃碴子……每次靠近那棵老得不堪的黄荆树，我就有点犯怵。树条子抽我钻到床底下，父亲把我拽出去接着抽，下手似乎有点狠。小学五年，我不止一百次躲在角落里发誓：永远不理父亲。奈何我这人忘性大，第二天又觍着脸央求："爸爸，给……给我一分钱，我……我买三颗牛屎糖（牛屎糖是一种黄色花生糖，选材精，做工细）吧。"父亲若瞪眼，通常就有钱。

我听川眉哥哥讲，苏东坡念小学也挨打，黄荆树条子打得他双脚跳。我一听就乐了，到学校传播去了。同学们认为：苏东坡也是下西街的费头子嘛，苏东坡肯定吃过"笋子炒肉"。

当时眉山城一万多个学生，谁没有吃过"笋子炒肉"

啊？而长大后逆反的例子几乎没有。小孩子挨几回打，天经地义。中国民间几千年，哪家小孩不挨打？是的，这里有分寸——很重要的分寸。

苏轼五岁玩弹弓，六岁拉硬弓，七八岁打鸟射鱼，自称百发百中，天庆观小学数一数二。苏辙跃跃欲试，屁颠屁颠跟着哥哥玩儿，拿起弹弓东打西打，打伤了邻居的小鸡，打破了人家的瓷瓶。人家上门告状，苏辙吓得疾走，脑袋撞门框。父亲气得脸发紫，拿起那根打过他无数次的黄荆树条子，追着抽苏辙，然而，当哥哥的挺身而出，说是他干的。

苏辙已跑到院子里，回头喘气道实情："我打的，我打的。"

苏洵半信半疑。他抖着二尺长的细条子。

苏轼说："弟弟，你连弹弓都拉不动，如何打碎人家的青花瓷瓶？"

苏辙结巴了："哥哥，你你你，你不可以……"

做父亲的笑道："兄弟遇事相帮，不坏嘛。以后有出息。"

苏轼也笑："弟弟，父亲夸我们呢。"

父亲呵斥："夸是夸，打归打。"

黄荆条子抽过去了，苏轼不动，像一条好汉。历史上的好汉都是这样的，常山赵子龙，一身都是胆！可是凶柔条抽脚杆，终于抽得苏轼双脚跳。抽了这只脚又抽那只脚……

苏洵边抽儿子边念"抽经"："打烂人家的青花瓶，人家上门来告状，你当哥哥充好汉，要把责任一肩扛。你今天给我老实交代，谁干的？"

苏轼、苏辙同声道："我干的！"

苏洵再一次扬起黄荆树条子："好啊，今天一起打。"

父亲又打，下手不轻。儿子苏轼又是双脚跳，却跳到苏辙的前面，替苏辙挨打。

后来苏轼遭遇了"乌台诗案"，被打入黑牢，苏辙上书皇帝，愿意拿官帽为哥哥赎罪。苏轼写下绝命诗："是处青山可埋骨，他时夜雨独伤神。与君今世为兄弟，又结来生未了因。"

小时候的几件事，一辈子忘不掉。小时候的事情会生根发芽。

那一年的夏天苏轼在家里挨打，咬牙不吭声。弟弟有事，哥哥扛。反正他结实、皮厚，挨打也不是两回三回。乳娘任采莲赶来劝阻，苏洵反而抽得更凶。

程夫人在远处含泪，不过来，不言语。这位当妈的，不为淘气儿子护短。

爷爷苏序在竹林那边悠然漫步，摇着蒲扇子，摸着白胡子，喃喃自语，似乎在吟诗。

九百多年来，眉山人有个口头禅：黄荆树下出好人。

墙头的苏氏兄弟

眉山西城墙,燃烧的晚霞映红了天地。苏轼、苏辙坐墙头,远眺尚义镇、多悦镇,四只脚在墙下。弟弟问:"哥哥,我们还玩弹弓吗?"

哥哥说:"为啥不玩?爷爷亲手为我们做的弹弓。"

弟弟不作声了,风吹来,浑身爽。过一会儿他又问:"哥哥,挨打啥感觉啊?"

哥哥说:"痛。"

弟弟:"那你为何不跑啊?"

哥哥:"爷爷打父亲,父亲从来不跑。父亲可能挨过五十次,我才挨了七次。"

弟弟:"哥哥,你数着呀。"

哥哥:"我记在纸上。"

弟弟:"记恨啊?"

哥哥:"记挨打的原因。挨冤枉打也记。我不恨父亲,父亲不恨爷爷,爷爷不恨曾祖父。眉山城几千个小孩儿,蜀中几十万个小孩儿,谁恨啊?"

弟弟笑了："我倒想挨一回打,吃一盘'笋子炒肉'。"

尚义镇的七里坝炊烟袅袅,苏家兄弟的四只脚杆晃荡在西城墙。

苏序慢悠悠讲三种光

眉山苏家的大事,苏序做主。《族谱后录》讲得分明。

转眼又一年,又到了莺飞草长的三月,蜀人出远门的好时光。苏家点灯开会,三个银烛台,照得堂屋透亮,这银烛台逢年过节才用的。老大、老二都来了。老二苏涣考上了进士,如今在雅州做官。七个孙子辈,在堂屋的三合土光地上坐一溜:苏不欺、苏不疑、苏不危……

年逾七旬的苏序老爷子,摸着一溜脑袋瓜,摸那个冬瓜脑袋似乎摸不够,顺着摸又倒着摸,似乎有讲究,指间有气流,俨然和尚道士摩顶"布气"。苏轼的乳母任采莲,苏辙的乳母杨金蝉也列席了点灯会议。程夫人很紧张,她的夫君苏洵更紧张。会议气氛,叫作凝重。苏子瞻歪着冬瓜脑袋,转着眼珠子。

开会了。

大伙儿你一言我一语,苏序听得认真,频频点头,正反两方面的意见都听得进去。苏洵耷拉了头,鼻尖直冒虚汗。看来形势不乐观,眉山的老处士恐怕要"处"到底。

七嘴八舌渐渐停了,十几双眼睛齐刷刷望着一家之主苏序。

序言的序，序幕的序，序曲的序。

七个乖孙子一律仰头望。

苏序伸出三个手指头，说："三种光。"

进士苏涣会心一笑："父亲是说日月星。"

后来苏东坡有得意对联："三光日月星，四诗风雅颂。"

苏序却摇头，依然晃悠他的三个指头，又说："三种光。"

苏洵叫苦："父亲，儿子都快急死了，您就别卖关子啦。"

苏序喝一口洪雅县瓦屋山道泉茶，慢吞吞开口："老三究竟会不会有出息？我一直在思考这个问题。他出去，他回来，银子花光了，可是他的眼睛在放光。他讲外面的世界无限精彩，什么陕西，什么东京西京，什么翰林院大学士，讲得子瞻、子由两眼放光，也让我这个老诗人的老眼放出光来。苏家三代人，三种光。光这种东西实在不实在？依我看，实在。墙上的烛光虽然摸不着，但是看得见。光这东西呀，就是有名堂。我家老三见识了外面的高人，每次回眉山都加倍用功，南轩书房彻夜有光。光在啥地方？光在书卷上。我的乖孙子瞻在八岁那一年就说过：'欧阳修又不是天人，以后长大了，我比他厉害，我比他高光！'"

苏家其他六个孙子，扭头去看冬瓜脑袋。这冬瓜脑袋得意扬扬，摇着烛台光，差点撞砖墙。

但见苏序老爷子停了停，捋捋漂亮的七寸胡须，起身走七步,俨然曹子建,高大的身影晃动在青砖墙上。老诗人口占一首打油诗:三种光啊三种光,照得苏家亮堂堂。老爹不行儿子上,肯定要上黄金榜!

苏洵顿时大激动,扑通一声给老父亲跪下了,叩谢如捣蒜,哪管地皮硬头皮软。转忧为喜的程夫人含了热泪,寻思典当她的最后一只和田玉镯。

夜深人静了,她瞅着烛光,闪着泪光……

中国之有苏东坡,眉山县的苏序、苏洵、程夫人,都有大功。

负面的东西也会催生正能量

苏家有女儿名唤苏八娘,十六岁嫁到程家去,嫁给表兄程之才,原本希望苏程两家亲上加亲,不料八娘受虐待,十八岁,含恨而亡。苏家有过三个女儿,皆未能寿终。

程夫人极悲痛。苏洵大悲且大怒,要冲到程家去讨还公道,棒打女婿程之才,痛骂程家恶婆婆。程家是宋代眉州眉山县的大户人家,有司马光和苏轼的记载为确证。

孔凡礼《苏轼年谱》:"程氏,为眉山大姓……(苏轼)外祖父程文应,外祖母宋氏。"

程夫人是眉山县人,这一点毫无疑问。史实不可篡改。

程家富,苏家穷;程家傲慢,舅、姑虐待苏家女儿八娘。亲家一夜间变仇家,苏洵发誓,要出这口恶气。程夫人强忍悲痛劝几句,苏洵更是火冒三丈。他手持一根五色大棒,把程家的聘礼打得稀巴烂,包括一对漂亮的、程夫人十分喜欢的青花瓷瓶。打不烂的衣料就使劲撕烂,撕不烂,动剪刀。折腾了大半夜,苏洵还在院子里跳,骂得难听,夹杂俚语村话,骂得眉山半个城的居民都想跑来听。程家大院,朱门紧闭,眉山人连日议论着程家……

当时眉山城,大约三万人。苏程两家相隔不远,苏辙《栾城集》有诗《送程建用宣德西归》云:"昔与君同巷,参差对柴荆。"程建用系程氏家族子弟。苏轼与表弟程六,自幼一块儿戏耍,有诗为证;他与包括程之才在内的程家五兄弟皆有往还,可是一夜间,两家要绝交。

程夫人流泪念佛,手拿一卷《心经》。她夹在娘家与婆家之间,两头受气,还不能诉苦,于是苦上加苦。她哭道:"我可怜的女儿啊,你那婆婆,你那舅舅,你那个丈夫,怎么能……"

苏八娘在程家,干的是下人活,吃的是受气饭。八娘生病了,舅舅和婆婆"弃之不顾"。

这一天,苏洵在苏家祠堂召集一百个族人开大会,控诉程家的罪恶,一桩桩一件件,罄竹难书。苏洵跃上高凳子,瞪眼宣布:苏家与程家,永远断绝关系!

这一断就断了四十二年,直到程之才在广东惠州见到苏东坡……

当时苏轼十几岁,对父亲的火暴举动感到疑惑,他分明看见母亲很难受,母亲强忍泪水的表情给苏轼留下深刻的印象。他对杨济甫说:"以后我长大成人,不会学我爹。不会!"

后来,苏东坡对王弗、王闰之、王朝云很好。

少年儿童成长的过程中,负面的东西也会催生正能量。

苏轼问母亲为什么哭,母亲不言语,一把搂住他。做儿子的知道,母亲又在抹眼泪了。

苏洵骂程家有道理,但他为什么不为程夫人的处境考虑呢?他大大出了一口恶气,程夫人却从此憋气,一年年隐忍而操劳,伤了元气。娘家近在咫尺,她却不能迈步过去。

苏序,苏洵,苏东坡,这祖孙三代人,若是走在眉山的下西街、正西街,那身形,那眼神,那步态,估计很相似,像一支受过相同训练的队伍。遗传力量之大,大到无法测量。

苏东坡"绵历世事",宦海几度沉浮,把基因中的暴脾气升华为浩然之气。文化基因修正遗传基因,苏东坡可谓典型。所谓豪放东坡,奥妙在此。

"狂走从人觅梨栗" "年年废书走市观"

在古代汉语中,"走"是跑的意思。"行"和"步",都是现代汉语中的"走"。"市"指街市,"观"指道观。宋代的眉山道观多。

苏轼小时候贪不贪玩儿?贪玩儿。有写给表弟程六的诗为证:"我时与子皆儿童,狂走从人觅梨栗……"苏辙形容:"有山可登,有水可浮。"学习和玩耍,子由紧跟着哥哥。

眉山城穿城三里三,围城九里九,好玩的去处数不清,城里有稻田、麦田、油菜田。小伙伴们动不动就高高矮矮一大群。苏轼苦读书,然后就释放。不是隔一阵子释放,而是天天释放。小孩子活得郁闷的,几乎找不到,包括穷人家的孩子。

有人称苏子瞻是"三好"学生:好学,好玩,好吃。

小苏轼如何去释放?上树摘鲜果,下水摸大鱼;骑牛读圣贤书,冒雨走永寿镇。这个苏子瞻自称"浪里小白条",大江出没烟波里。拍巨浪,扎猛子,浮对河,走独木桥,掏马蜂窝,掰新笋子烧来吃,手持弹弓打斑鸠追老鹰……

永寿镇在城东二十余里,苏轼、苏辙跟着大人走亲戚,返回时忽遇偏东雨，个个淋得瓜兮兮。唯独苏轼浑然不觉。他自诩三岁半就爱上了淋雨，毛毛雨、雷阵雨、偏东雨，旷野里淋得好生欢喜。"莫听穿林打叶声，何妨吟啸且徐行。"后来的名篇《定风波》，有童子功的。淋雨回城可不是徐行，而是顶着暴雨冲过了河石坝，冲上了城东三丈高的唐城墙，再穿城三里三，一口气冲进下西街温暖的家。他还拒绝喝母亲熬的姜汤，小小男子汉气宇轩昂。

苏子瞻在眉山城，东逛西逛胡乱走，"年年废书走市观"，废书，几乎把书扔了。苏子瞻的屁股后头是苏子由和表弟程六。程六的后面还有程七、程八（大排行）……弟弟跟着哥哥耍，哥哥又跟着大娃娃。何处觅梨栗？单觅别人家。在自己家里不可能"狂走从人"。

苏轼跑，而且是狂跑，耳边呼呼生风，有时候被人或狗追还狂逃，一口气逃出二三里地，双脚如飞不沾地。这野性，苏家有遗传的。

翻小南街某户人家的青砖墙，苏子瞻的手脚相当麻利。苏子由体弱，身板薄，指劲不够，爬上墙又滑下来，咬牙再爬，再滑，于是韧劲生焉。爬树爬墙不知多少回了，苏子由的这股子韧劲，后来带到了复杂的官场。北宋中后期，官场日益复杂……

话说下西街的苏子瞻噌噌噌上树去也，苏子由在树下扭头望风，抬头望哥哥，心儿怦怦怦。哥哥摘了梨子、桃子或荔枝、板栗，不会先饱自家口福。白里透红的大桃子抛下去，子由稳稳地接住，喜滋滋抱在怀里。仙桃啊。

哥哥在树上晃，有点小激动，压着嗓子说："弟弟你先咬一口啊，弟弟你尝个鲜啊。"

弟弟的声音像蚊子叫："等哥哥梭下来一块儿吃，我们今天吃安逸。"

苏东坡诗云："嗟余寡兄弟，四海一子由。"

异日，他在凤翔府叹曰："忆弟泪如云不散，望乡心与雁南飞。"

苏子由追怀哥哥："抚我则兄，诲我则师。"

古人讲孝悌，悌指兄弟和睦。

苏、程兄弟七八个，狂走大街小巷，翻墙爬树上房，吃惨了，耍安逸了。

眉山儿童常说："吃惨了，吃笑了，吃得包嘴儿包嘴儿。"

爬树摘来的果儿格外甜，河边钓起的鱼儿就是香。笋子虫啊烧来吃，鬼头子（蝗虫）啊炒一盘，小蜻蜓哦任它飞。苏东坡黄州诗云："春鸠烩芹菜。"春天的斑鸠肥膪膪啊。

且说下西街的小苏轼，把杜甫的两句诗抄下来，贴在书房南轩的门板上："庭前八月梨枣熟，一日上树能千回。"

学堂先生刘微之看了摇头。须眉皆白的爷爷苏序看了点头。

苏东坡尝言："吾幼而好书，老而不倦。"

他的书法，宋四家称第一，叫作苏、黄、米、蔡。

他是中国水墨写意画的开创者，重神似。他说："论画以形似,见与儿童邻。"他形容王维画画:"当其下笔风雨快,笔所未到气已吞。"魏晋书法家称:"意在笔先。"

《苏轼年谱》:"苏辙云:'予兄子瞻少而知画,不学而得用笔之理。'"

眉山好吃嘴

苏东坡吃东西永远包嘴儿包嘴儿，从眉山吃到汴京，吃到杭州，吃到苏州，吃到密州，吃到扬州，吃到徐州，吃到黄州、惠州、儋州。"自笑平生为口忙，老来事业转荒唐……"

天府之国沃野千里，食材丰富甲天下，几千种食材数不完哦。苏东坡的母亲程夫人，原本是在眉山城的富贵窝中长大，见识过好多美味佳肴。她从府街嫁到下西街的苏家，亲手做饭菜，她带到苏家的丫头任采莲做帮手。苏家菜那个香啊，香飘下西街、正西街，飘到富人们居住的府街，飘上了高高的西城墙。人们一旦走在下西街，就要使劲吸鼻子，相顾曰："闻到没有，闻到没有？苏家的回锅肉，苏家的板栗烧鸡，苏家的小笼肉包子，苏家的大蒜清烧鲢胡子……"在眉山县，苏家属于中等人家，不如程家、史家。有些年月苏家的家境差一些，不稳定。乡下石佛镇尔家川有苏家的田产。年景不好，苏家也穷。

苏轼上学围着先生转，放学围着锅台转。母亲切肉，菜板上他要尝一口；乳娘蒸肉包子，他咬得满嘴流油，烫得吞吐舌头。边吃边东问西问，很想知道一桌好菜是怎么弄出来的。

话说有一回，苏子瞻伙起好友杨济甫和苏不疑、苏不欺、苏不危，带了小不点儿苏子由，跑到西城墙上操办宴席。弹弓打肥鸟，长线钓大鱼，还偷了一块家里的猪肉，几节香肠，五个鸡蛋，果蔬无计，还有一坛子香喷喷的老酒！火砖砌灶台，树枝树叶烧起来。锅瓢碗盏敲响了早春二月，麦苗儿青青菜花儿黄，嗬，天上有个金太阳。

苏子瞻天不亮就开始忙啦，先偷肉，后打鸟，再钓鱼……要搞得不声不响，井然有序。宴席要办得漂亮，宴请亲爱的爷爷和几个眉山的老酒仙。他负责扇火煮肉，三斤重的猪肉要煮到七分熟，捞起来切成片，再用盐菜回锅。苏子瞻盯着锅里煮的二刀肉，学着爷爷的腔调念：猪肝下锅十八铲，回锅肉啊八十铲……可是忽然间，苏子瞻抬望眼看见了峨眉山，金灿灿的金顶啊，父亲上过金顶，亲眼看见了佛光，目睹了云海！

神了，呆了，猪肉香闻不到了。

小小苏子瞻，不知不觉走到城墙边，盘腿而坐，状如老僧入定，神往那似乎近在咫尺的峨眉仙山，仿佛置身翻滚的云海，小孩子满脑子遐想，"云之君兮纷纷而来下"。

谁写的？李太白。

自然加词语，美感浸入肌肤。"尔来四万八千岁，不与秦塞通人烟……"

李太白还来过眉山的象耳山，见过磨铁杵的老婆婆！

一个时辰仿佛在转眼之间。太阳偏西了，火熄了，柴火慢慢变炭火；煮二刀肉的水干了……一股春风从背后吹来，苏子瞻闻到了肉皮的焦味儿，道声不好，跳起身来奔过去。

　　哇！猪肉炖得稀烂，皱着眉头去尝它。呵呵，居然味道还不错，肥而不腻，爽口得很，吱溜一声下肚去也，再来一口！后来，苏东坡在黄州写下著名的打油诗《猪肉颂》："莫催他(它)，火候足时他自美……早晨起来打两碗，饱得自家君莫管。"

　　大文豪写诗歌颂猪肉，除了苏东坡还有谁？一道千年美味，诞生在眉山西城墙。

　　苏东坡自称老饕，有一篇《老饕赋》。他饱尝美食，创造美食，传播美食，把川西坝子(成都平原)的几十种美味带到大江南北。这个眉山城的好吃嘴哟，一辈子享口福。

　　孔子曰："富之，教之。"

　　先要填饱肚子，才能读好圣贤书。

程夫人不残鸟雀

苏东坡捉鱼打鸟凶(眉山土话,厉害的意思)得很,自称百步穿杨,能够穿叶射鸟:不需看见鸟,只见树叶子晃动,弹弓石子就嗖嗖嗖射出去了。但闻石子破空之声,说打胸脯子,不打嘴壳子。古楠树高不高啊?高得很,枝干峥嵘伸入云端,苏东坡爬楠木掏大鸟窝,吃鸟蛋吃笑了。他双腿夹树干梭下来,离地五尺跳下来,稳稳当当的。

眉山的男孩子谁不玩弹弓啊?程家五兄弟、罗家三兄弟、杨家四兄弟,个个能弹鸟。学堂先生刘微之也不反对,先生还引用孔夫子"弋不射宿",不打归巢鸟罢了。

狩猎之乐趣,深藏在人类的基因中。

孔夫子和他的弟子们都是打鸟高手。据考证,"束脩"也指大雁。

苏东坡刻苦学习之余,伙起本家、外家众兄弟,东打鸟西打鸟,那桑木弹弓浸过三次桐油,轻便而结实,称手、光滑、漂亮,天庆观的学生个个羡慕,邻家女孩儿总想摸一摸。一把可爱的好弹弓啊,拢集了原野,招呼了树林河流,连接了天高云淡,逼近了草长莺飞。一年四季有它,睡里梦里爱它；上学路上亲亲它，放学回家藏起它。

自然之美与这把弹弓有关。小孩子不爬树，对树的深度体验为零。

活着要像"攆山狗"，焉能变成"圈养鸡"？

动物园享受空调的懒洋洋的老虎，能叫百兽之王吗？虎无扑鸡之力……

"野旷天低树，江清月近人。"

存在的惊奇先于美感。拢集了广阔野地的苏子瞻的弹弓啊。

可是母亲发现了它。母亲曾经听说过，城里有个弹弓高手，原来却是自家娃。

母亲啥也不说。她捡了一只受伤的丁丁雀儿(小鸟)，让子瞻给它养伤。子瞻一向对草药感兴趣，忙起来了，跑到城墙边挖了一株野三七，咬碎，敷在丁丁雀儿的伤口；又弄虫子、蚯蚓喂它吃，整整忙了五天，必须细心周到，夜里梭下床看望它好几次。

牵挂、心疼，隐隐约约有自责："嗬，弹鸟知多少……"

小鸟的伤养好了，它不肯飞走，只在苏家园子里飞来飞去，可爱极了，它的叫声非常好听。它还引来许多同伴，在苏家五亩园子的杂树上筑巢、安家，其乐融融。这种鸟叫桐花凤，只有拇指大。其他丁丁雀儿相约而来，白头翁也飞来了，翠鸟、画眉鸟也纷纷搬到苏家……川西坝子的鸟类数不清啊！

多年后，苏东坡说他们家有"修竹数百，野鸟数千"。

一天，母亲发现，子瞻在凝望堂屋里的佛祖像。

又有一天，子瞻悄悄把心爱的弹弓埋进土里。他走开了，不回头，只是走得有点慢。

也许，程夫人并不知道，她也不问那把弹弓的去处。普天下的好妈妈大概都这样。《东坡志林》有一篇文章：《记先夫人不残鸟雀》。往事那么多，苏东坡晚年在海南追忆，几件儿时的往事自动浮现。凡是时隔久远而自动浮现的，就叫铭心刻骨。

苏东坡做官四十年，辗转南北十万里，对老百姓仁慈无边。他小时候的体验无限重要。

他一生不变的核心关切就四个字：风俗、道德。

程夫人不发宿藏

"下西街纱縠行苏家后院发现宝藏啦！"眉山城轰动了九条街，人们不分老幼，争先恐后去看宝。有人一面小跑，一面扭头开玩笑："吃啥子早饭哦，快点去看宝，看宝就看饱球。"

眉山人看热闹高兴了，常说："看饱了看饱了。"如果发现并不热闹，则会说："看球不饱，回家吃饱。"

苏东坡的故乡人，诙谐如此。我们有足够的理由猜想文学大师的语言环境。

苏家发现宝，财宝归谁要？眉山后生念经似的唱："鸡公鸡婆叫，各人寻到各人要。"

苏家要发财啦。人为财死嘛，鸟为食亡。原来，程夫人做布帛生意，二十年前在城西纱縠行租了房子院子。一日，两个婢女在后院干活，"足陷于地，现一大瓮，覆以乌木"。乌木又叫阴沉木，成材须在千年以上。名贵木材覆盖的大瓮，一定有值钱的东西，金银珠宝之类。大瓮堪比院子里的大水缸，瓮中藏宝知多少？财宝的原主又是谁呢？眉山城没有人知道。苏家租的房子几易房主了，无人埋藏过乌木大瓮，说不定是几百年前埋下的哦。

城里人议论说："财宝归苏家，我等没意见。程夫人出自本县名门，做生意二十年童叟无欺，这是老天爷对程夫人的馈赠！"

后院拥入了百余人，围着那个现了半截的大瓮。孩子们蹿来蹿去，高唱鸡公鸡婆叫。苏家子弟中有人雀跃，这个人是苏轼的表哥，十二三岁。其他子弟莫衷一是，在犹疑，在观望。

看来，贪心人皆有之。

小苏轼的眼睛只看表哥，意向性透露出倾向性：他也想要财宝啊。他渴望的眼神又传导弟弟，传导苏不疑、苏不欺、杨济甫、巢元修……人是一种氛围动物。氛围在苏家后院形成了。百十双眼睛望着程夫人，只看程夫人如何定夺。一时鸦雀无声，初升的太阳照着下西街的寻常院落。但见程夫人轻轻做个手势，"命以土塞之"。

苏轼那个表哥惊叫："不要财宝啦？"

程夫人对丫鬟做了相同的手势。

在场的所有人，对程夫人的手势和眼神印象极深，几十年忘不掉，一代代传下去。

苏家后院那片泥地恢复了原状。阴沉木又沉下去了。苏轼的那个表哥大失所望：转来转去转了半天，金元宝看不见，心慌慌眼巴巴，到头来看见的还是泥巴。

十岁的苏轼也有点茫然。他也想看金银财宝啊！他那点小心思……

后来年复一年，苏东坡屡屡回想这个有朝阳升起的场面，省悟了，道德感点点滴滴浸入肌肤：不义之财，一文莫取。无论做官做得多大，他守住初心。他写下《记先夫人不发宿藏》。

小苏轼手书一首唐诗："好雨知时节，当春乃发生。随风潜入夜，润物细无声。"

学堂先生张易简看了说："好字，好字。"

事实上，苏轼的那点贪心，在三十岁左右又有反弹。容后再表。

张易简摆玄龙门阵，陈太初走火入魔

苏轼八岁入乡塾，老师是个道士，名唤张易简。宋代的道士一般都有学问。张先生穿着有阴阳互抱图案的道袍上课，不总讲诗文或《孝经》，有时也讲讲"一人得道，鸡犬升天"的故事。一百多个学生中，有个叫陈太初的，听故事听得入迷。道家故事，学生们听听也就罢了，这位陈太初却能听出弦外之音。老师讲鸡犬升天，他就会意地微笑着，一副怡然自得的神情。仿佛老师讲的故事里的主角不是别人，正是他陈太初。

据《苏轼年谱》："陈太初，眉州市道人之子也。"

苏子瞻放学回家的路上，穿过火神巷，走过土地庙，盯着地上游走的鸡鸭狗，耳边回响老师摆的玄龙门阵。他想：一人得道，鸡犬升天，鸭子升不升天呢？先生见过鸡犬升天吗？

苏子瞻对爷爷讲了他的疑惑，爷爷说："别听那张道士瞎吹，他家喂的一群鸡哪只上天了？还到处屙鸡屎，下西街的陈麻子捉去杀了一只。"

一日，陈太初来找苏子瞻，眉飞色舞说鸡犬升天，煞有介事,又比又画的,还说崂山道士穿墙而过。太初做神秘状,密语子瞻:"先生喂的鸡少了一只,估计升天了。"

苏子瞻打断陈太初:"我爷爷说了,先生喂的鸡连矮墙都飞不过,还到处屙鸡屎,被下西街的陈麻子捉去,宰了一只,吃得连鸡骨头都不剩。"

陈太初气惨了,叫道:"这不可能!先生的鸡明明升了天,先生亲口讲的!"

苏轼摇头:"你呀,你走火入魔了。先生逗你玩呢。我母亲说过,玄龙门阵不可当真。"

陈太初气得五官都变形了,脸色陡然转青,他猛扯自己的头发,猛摔龙门子走了。

这陈太初聪明,学习成绩好,后来也通过了科举,考上了进士,做了一阵子官,忽然决定不食人间烟火。他在自家门前按道家规矩打坐,不吃不喝,临街辟谷。朋友或路人劝他吃点东西,他不予理会。虽然饿得东倒西歪,脸上却浮着神秘的微笑,和童年听张道士讲故事的表情一般无二。朋友不知个中玄妙,不敢再来相劝,只远远地瞧着他幸福地摇晃。过了五六天,他终于摇不动了。朋友们以为他死了,报告官府,官府派衙役来抬"尸体",时值新年,几个衙役一面动手,一面抱怨:"大吉的日子抬尸体,真晦气。"

话音未落,"尸体"忽然开口说话:"没关系,我自己走。"说罢便从地上站起身,朝乡野走去,走出几里路,在一个僻静之所倒下来,重新变成一具尸体。

其时,张易简早已作古,并不知道自己有这么一个"出类拔萃"的弟子。而苏轼是知道的,他记下了这件事。"尸体"开口说话就是他讲的,写进了他的《仇池笔记》。

苏东坡的一生,道士朋友非常多,但他并没有走火入魔、神神道道、异想天开、鬼迷心窍。

孩提时代家庭环境的重要性,怎么说都不过分。爷爷拆茅将军庙的故事,父亲走南闯北见多识广,滔滔不绝说古论今,母亲讲《汉书》中的真实人物,课堂上学《论语》"子不语怪、力、乱、神"……所有这些,小苏轼是记在心的。

苏轼修改刘老师的得意诗

苏轼在乡塾读了三年书，他心智正常，受张道士摆玄龙门阵的影响也就有限。他后来回忆，从乡塾到寿昌院县塾，前后两任老师格外器重的学生，只有他和陈太初。陈太初听鸡犬升天，听得怡然自得，而苏轼是因为一句话，让另一位老师刘微之吃惊不小。

刘微之乃眉山县塾首座，谁能让他失面子啊？当然是苏轼。苏轼何以让其失面子？因为苏轼替首座改诗。

诗是一种高雅文化，唐宋六百年，也很有实用性——科举考试，诗赋是其中之一。刘微之是喜欢写而不轻易公布诗作的那种诗人。如果他公布了，那就证明他自己很满意；如果他在课堂上对着学生吟诵，那就不仅满意，而且得意。得意了他就会漫步独吟，拥鼻高吟。一天，他在课堂上吟一首《鹭鸶诗》，其中有他认定的诗眼："渔人忽惊起，雪片逐风斜。"他吟到这一句，不觉停了脑袋摇晃起来，捋须而笑。所有的学生都用崇敬的目光望着他，觉得他不让陶渊明，直追李、杜、白。就在这时，有个学生要求发言。这学生身子长，脸也比较长，名唤苏轼，字子瞻，家住下西街。对苏轼，刘微之是知道的：历来肯用功，脑子也灵活。看到苏轼要发言，刘微之先生满有理由地想：苏轼要称颂他的诗作了。

先生仍然捋须而笑。他已经准备了谦逊：学生称颂老师，老师总不至于哈哈大笑吧。为了显示他的谦虚，他换上一种亲切的笑容。大约是分换，不是秒换。

然而，苏轼的一句话，刹那间将这笑容凝固起来。

苏轼说："先生那个句子固然好，但不如改成'渔人忽惊起，雪片落蒹葭'。"

鹭鸶被渔人惊起，转眼又被风卷着，雪片一样落于蒹葭之上。这一起一落岂不美？再者，可爱的鹭鸶也有个归宿，不复可怜兮兮地"逐风斜"。

苏轼坐下了。课堂哗然。有同窗对苏轼侧目而视，似乎在说："苏子瞻，你竟敢改老师的得意诗。'逐风斜'哪点不好？你偏要说什么'落蒹葭'。你以为你是谁？你用意何在？你沾沾自喜！你，居然在大庭广众之下让老师落尴尬！"

很难设想刘微之刘首座当时的表情。他大约笑不起来。有几分尴尬也在情理之中。他细细一想，认为苏轼改得有道理，于是当众宣布将"逐风斜"改为"落蒹葭"，并加上一句感叹："吾非若师也。"

此言一出，对苏轼侧目而视者立刻转变态度，对他青眼有加。其时苏轼才十来岁。这样的年纪，许多人尚在憨耍憨费，或者循规蹈矩地读书，而苏轼却能修改老师的诗作，且不说这诗改得如何,其见识和胆量不一般。

"吾爱吾师,吾更爱真理。"

问题越多,脑子越灵活。读死书、死读书是不行的。

歪风邪气有时候要占上风

陈太初不跟苏轼、苏辙玩儿了,他成绩好,脑子里又有奇奇怪怪的东西,自有一些同学乐于跟随他,高矮胖瘦伙起耍。他家住在正西街,苏轼去找他,约他到江边钓鱼,他闭门不见,却故意在门内咬蚕豆,咬得嘎嘣脆。他对同学章二娃宣布:闭关七天,炼九转丹,一旦炼成就得道了,长生不老,腾云驾雾,他家的鸡狗可以冉冉升天了,大鸡还带着小鸡升天。

苏子瞻爱读李太白,知道诗仙炼过九转丹,于是,又去正西街敲陈太初的门。开门的是陈太初的母亲,说太初病了,感冒发烧几天了。

苏轼在学堂道出实情:"陈太初居家养病,不是在家里炼仙丹。"

同学七嘴八舌:"原来太初生病哦,哄我们炼九转丹;太初生病,他家的鸡狗就惨了;太初平时神神道道,他家那条黄狗被他弄上树,摔下来断了一条腿;他家的鸡飞不上墙……"

那章二娃跳上了课桌,双手叉腰,对一百多个同学说:

"苏子瞻撒谎！我刚去了正西街的玉青馆巷子，陈太初正在闭关，炼九转丹！"

苏轼蒙了。

陈太初的几个跟班纷纷指责："原来苏子瞻也撒谎啊；原来有些人道貌岸然；原来苏家的家风家教是吹的；养不教，父之过也……"

苏辙涨红了脸，吼道："我哥哥从小到大不撒谎！"

道士先生进课堂，那些跟班迅速围上去。先开口，抢占话语权。

先生说："子瞻啊，太初同学炼九转丹也不是坏事嘛。"

先生一言既出，俨然铁板钉钉。苏轼、苏辙被舆论与权威捆绑，一时无力反驳。

歪风邪气有时候是要占上风。有人说谎话，还有人跳出来证明谎言……陈太初的道士父亲也对先生说："太初在家里炼丹，烧丹炉，一脸的灰。"

至于何时炼丹，他又语焉不详。学堂的舆论几乎一边倒了。苏轼要去找陈太初的母亲做证，苏辙拉住他。

陈太初病愈到天庆观上学，埋头做作业，不提九转丹。同学们观察他有无异样。他爬上了一棵高高的大榕树，躺在树杈上，跷起二郎腿凝望青天，表情很神秘。

章二娃说："陈太初上树轻松得很，他已经吃了一颗九转丹了。将来他指定得道，他家的鸡狗全都升天！"

章二娃自言自语："他家鸡犬升了天，我家鸡犬也要升天！还有我家小猫咪！"

不久，道士张易简喂的公鸡又少了一只。道士的妻子东找西寻满头汗……章二娃宣布："先生家的鸡已经有两只升天了，在天上天天吃金米，喝玉液，鸡冠抖得相当漂亮，一只鸡给玉皇大帝报晓，一只鸡给王母娘娘报晓！"

学生们听神了。

讲真话

陈太初瞎吹,章二娃圆谎,道士先生不讲原则,很多同学向陈太初靠拢,讨教闭关炼丹的秘法。先生讲完正经课,照例要摆一摆玄龙门阵,百余学生听得津津有味。神神道道的人多起来,这个白日见鬼,那个半夜穿墙,额头撞了包,却说法力不够,更有同学偷吃青金丹狂拉肚子,嚷嚷还要吃……疯了,这么搞下去,只怕全体学生走火入魔。

章二娃面呈嘚瑟抖得很,陈太初言语行事,越发显得高深莫测。

苏轼去正西街找陈麻子,陈麻子矢口否认捉了张道士的第二只鸡,但是,陈麻子的邻居杨济南,亲眼看见他捉鸡,闻到他炖鸡,听见他咬碎几根鸡骨头。杨济南是杨济甫的堂弟,苏轼希望他站出来做证,他吞吞吐吐犹豫不决。苏轼请他吃炒板栗,他先答应做证,吃完板栗却又反悔。苏轼气得直跺脚。

苏辙说:"哥,要不算了吧。"

苏轼说:"不能算了。"

杨济甫年龄稍大,一向正直,讲义气,苏轼请他出面主持公道,他二话不说便去敲堂弟的门。杨济南打开门就改口了:"哥,我去,我去。"

杨济甫笑道:"我还没开口呢,你要去哪儿?"

杨济南瞥一眼苏子瞻:"去天庆观做证嘛。"

那个陈麻子,倚门框嗑着瓜子,十步之外斜睨,不言语。他是眉山城出了名的无赖。

杨氏兄弟、苏氏兄弟到城南的天庆观,向道士先生张易简道了实情。先生的妻子骂道:"该死的陈麻子,穿城来偷我家的鸡,偷去一只又偷一只,我去找他赔我的鸡,赔我的鸡……"

苏辙窃笑,心想:先生总爱讲鸡犬升天,只怕一群鸡都被陈麻子吃掉,还不肯面对事实。

先生摸着五绺须,想了想说:"那两只鸡可能升到半空不行了,落到陈麻子的菜园子。"

先生哄妻子:"余下的鸡都不升天了,宰了给你吃,养好身子,再生个胖小子。"

先生无为而为,妻子转嗔为喜。苏轼、苏辙在学校宣传这件事,杨济南提供证据。陈太初气冲冲去找先生,先生拍拍他说:"太初,好好念书吧。"

眉山天庆观小学,神神道道的学生渐渐少了。陈太初上树念念有词,仰头听他念歪经的,只有章二娃。苏轼和杨济甫正告陈麻子:"再敢偷东西,就把他偷鸡摸狗的事写成文字,贴在丁字口、十字口、西门口、东门口、南门口、北门口。"

陈麻子忙道:"莫写字,莫写字,我陈某指天为誓,从此洗手不干了!"

不护短

苏轼的三个堂兄苏不欺、苏不疑、苏不危,人称三个"不"兄弟,名字却有些来头:为人要讲公道,不可仗势欺人;行事要有主见,莫疑神疑鬼;要学孔夫子爱惜性命,危邦不入,危墙不过。三个"不"兄弟的父亲苏涣,当年考上了进士,轰动眉州四个县,苏序老爷子专程到雅州去迎接。

苏不欺却被人欺负,可能就因为他的名字,招来市井小儿惹他,集市上抢他买的梨子。这市井小儿姓罗,也念过几天书的,知道孔融让梨,于是偏叫苏不欺让梨。

苏不欺说:"我今天真是出门见鬼了,我刚买的梨凭啥要让给你?"

罗小儿嘻嘻哈哈:"你爹当官有钱,你家又讲仁义,我没钱,你让梨,天经地义。"

苏不欺偏不给,罗小儿伸手来抢。苏不欺大怒,给他一耳光。二人在街上厮打起来,梨子散了一地,街上的人并下拾梨。罗小儿的两个哥哥奔来,三打一,苏不欺挨了拳脚犹奋勇,不逃跑。苏不疑、苏不危闻讯赶来助阵,三兄弟打三兄弟,不退反攻,罗小儿被苏不欺打趴下,跌个嘴啃梨,牙齿出血了。

街沿上有老者叹曰:"苏家子弟这是干啥子哦。"

眉山小孩儿打架,一般点到为止,不慎打出了一点血,旋即住手。苏家兄弟个头大,打架是占了上风的。那罗小儿抹一把血嘴巴当街大叫:"苏不欺欺负我,下狠手打我牙出血!"

苏不欺的嘴也不是摆设,他的嗓门并不低于对方:"你罗小儿抢梨在先,我苏不欺打你在后!"

双方的三兄弟言来语去,仿佛打完了开始谈判,唇枪舌剑不休。苏轼、苏辙也来了,并未作声。罗小儿再嚷:"苏家五兄弟,要打我罗家三兄弟!"

苏家五兄弟撤了。苏轼捡起地上的梨。

由于苏涣在雅州做官,罗家人告状告到苏洵面前,罗小儿展示他尚有血迹的嘴巴。苏洵叫苏不欺认错,这侄儿却不肯,说:"罗小儿光天化日抢梨子,我替官府惩治他,替他爹妈教训他!"

罗小儿得寸进尺:"认错我不干,我要打回来!"

苏洵有点火了:"你今天打回来,他明天打回去,打来打去如何是个完?"

罗家兄弟叫道:"护短,护短!还自称知书达礼的人家。吹牛皮,装仁义,谁信!"

邻居们隔墙听,有些妇人踩凳子趴在墙头看。罗小儿越发来劲了,冲着邻居喊:"我不过想吃个梨,苏不欺打我牙出血,血流了一地,街上的人都看见了。苏家要讲仁义,赔我三只老母鸡！"

苏不欺几乎开骂："当面撒谎的坏东西，谁见你流了一地的血？"

苏洵摆了摆手："告状就告状嘛，莫撒谎。嘴巴血流一地，还伶牙俐齿的，没必要嘛，当年我在眉山街头混，九街十八巷闻我老泉名头，尔等还在娘肚子里头。"

罗小儿倒地耍赖，觉得泥土凉，又爬起来双手叉腰，冲着四邻喊："苏家护短哦，护短哦！"

年过七旬的苏序老爷子来了，对罗家兄弟说："苏家说话算数，打了人，上门道歉，赔偿三只老母鸡。"

苏不欺一副委屈的样子，但爷爷当众发了话，他只好服从。叔父苏洵扭头，瞅着院子里闲溜达的一群鸡。罗家兄弟归去，个个趾高气扬。苏轼不服，喊爷爷。爷爷摆摆手。

当天傍晚，苏家五兄弟连同程六，到正西街的罗家正式道歉，苏不欺提着三只不屈的鸡。街坊邻居看在眼里。夜深人静了，苏轼睡不着，爷爷摸他的冬瓜脑袋说："乖孙啊，我们苏家几十年名声不小，乡里乡亲都看着我们。一门家风和三只母鸡，你觉得哪头重？"

苏轼霍地坐起，问："爷爷，我今天很不舒服，以后罗小儿又耍赖，无理取闹，胡搅蛮缠，咋办？"

爷爷答："治他。"

苏轼再问："罗小儿欠揍，可以揍他吗？"

爷爷说："他先动手，你就还手，打败他，但是要有分寸，不可见血，不可击打要害部位。"

苏轼点头,心里舒服了,转个身,背朝亲爱的爷爷,须臾入睡。

这是公元1047年,眉山下西街的苏轼十二岁。

打宽雄性渠道

男孩子在成长的过程中,一般都要打架,幼儿期就开始抓扯,争宠爱,抢东西,占地盘。这是基因里带着的。雄性渠道应当日益拓宽,雄性渠道不可收窄。

如果雄性渠道收窄了,男孩子就娘娘腔,胡子少且软,喉结不突出,懦弱、胆小。

阴阳格局一万年,眼下却有颠倒之势。

据《苏轼年谱》,苏轼又名九二郎,苏辙叫作九三郎,这是家族若干代的大排行,族谱有记载。城里的表兄弟堂兄弟十几个,从小伙起玩,打架乃是常态,有时候没甚理由就打起来了,暗地里有一股内驱力,手痒,牙痒。雄性激素增长,手脚牙齿要发痒的。但是面临外人的欺侮,兄弟们就团结一致了。"兄弟阋于墙,外御其侮。"

苏轼跟苏不欺、苏不疑都打过架。他跟弟弟没打过。子由小三岁,身子弱,哥哥保护他。

同窗章二娃是个小不点儿,打架的本事却不小,自称有武功。他崇拜总有一天会得道升天的陈太初,学太初爬上树杈念念有词,念着念着睡着了,从树上掉下来,幸好落到草丛中。几个同学皆笑,其中就有苏子瞻。章二娃不恨别人,单恨苏子瞻,他认为苏子瞻笑得最响亮,前仰后合的。但是苏子瞻高他半个头,体壮如小牛,他不敢惹,他去惹苏子由,尽管九岁的苏子由也高他半个头。课桌间走动,他故意撞子由,下河洗澡(游泳),他在水下扯子由的脚,月黑天他装鬼,半道蹿出来张牙舞爪,吓得子由惊叫唤。他用核桃皮弄脏子由的新衣裳,他拿走子由的张武笔,他还把毒蜘蛛、地拱子(鼹鼠)放进子由的书包……

子由向哥哥哭诉,子瞻哥哥决定"修理"章二娃。

一日,许多眉山城的小孩儿在河里游泳,章二娃悄悄潜水,又去扯苏子由的脚,把子由拉进深水。苏不欺、苏不危惊呼:"子由的头没啦!"

罗家三兄弟浮在水面上笑。杨济甫、巢元修等人惊慌四顾……

水下七八尺,却另有一只手扯章二娃的小脚,一把扯到河底,扯过一片河沙石头,硬是不松手。章二娃苦挣扎,如何挣得开?眼睛又看不见,越发慌。少顷(可能有十余秒),那只有力的手松开了,章二娃浮出水面大口喘大气。苏子由在岸边喘小气……

章二娃喊:"刚才谁扯我的脚?想弄死我咋的?有种的亮出来!"

苏轼在他旁边三尺许浮了上来,抹一把水淋淋的脸,笑问:"水底下感觉如何?吃了几口河水?"

章二娃顿时结巴了:"子瞻兄,你你你……"

苏子瞻警告:"你再敢装怪,下次把你拖进河湾的水草。"

章二娃告饶:"别呀,别呀!子瞻仁兄,你你你……"

杨济甫游几手,游到他面前,猛拂水打他脸,且打且叫:"你你你,你吃豆豆屙米米!"

杨济甫踩水能踩到齐腰,端的浪里白条,他潜水可以游百丈,比苏子瞻更厉害。

章二娃提起裤子仓皇溜了,爬城墙追上罗家三兄弟。罗小儿回头呵斥:"孬种,滚远点!"

章二娃讪笑:"我这是好汉不吃眼前亏嘛,前一阵子我把苏子由整惨了,整得他惊叫唤。"

这小不点儿踮起脚,凑近罗老大的耳朵,说:"苏家兄弟在背后诅咒你们,说你们吃了那三只老母鸡,屙脓屙血屙冰铁。"

罗老大冷冷地问:"当真?"

章二娃原地跳三尺,小指头指天发誓:"一字不假!"

第二天,在城南文庙背后,罗家三兄弟拦住放学的苏家两兄弟。罗老大把章二娃讲的话重复了一遍。苏子瞻说:"章二娃一贯撒谎,他的话你们也信?"

罗老大说:"他指天发了誓。"

苏子由说:"他经常发誓,没有人相信他。"

罗老大一声冷笑:"我们今天就信了。你兄弟二人要道歉。"

苏子由愤然道:"你们相信鬼话,我们凭啥道歉?"

罗小儿嘻嘻笑:"不道歉也行,再赔三只老母鸡,我们炖了吃安逸，吃了母鸡长身体。"

苏子由气得毛发倒竖："赔你三口唾沫！"

罗小儿做手势，勾二指："你吐啊，苏子由你吐啊，哼，连区区章二娃你都惹不起，今日倒是嘴巴硬。仗势你的子瞻哥哥？没门儿！告诉你，我大哥练过南拳北腿，你敢吐一口，我打你牙出血，我打你满地找牙！"

苏子瞻对弟弟说："别理他。"

罗小儿继续惹："吐啊，君子一言，驷马难追。你苏子由想做个小人不成？"

九岁的子由终于忍不住，一口唾沫出去，正中罗小儿张开的嘴巴。

罗小儿叫道："那天我牙出血，今天又吃苏子由的臭口水，哥呀，你不能袖手旁观呀。"

罗老大手指苏子由，厉声道："你再敢吐我弟弟，吃我一顿拳脚！告诉你，我拜师学过武艺，正西街火神巷的曾教头是我师父！"

苏子瞻寻思："此人嘴劲大，拳脚未必凶。"

俗话说，叫狗不咬人。下口的狗都是不叫的狗。

罗小儿再喊："哥啊，你的南拳北腿快快抖威风啊！"

罗老大十三岁，个头比苏子瞻冒一点。他做出捋衣挽袖要打架的样子，走向苏子由，却斜眼体格健壮的苏子瞻。他正在暗忖是否打得赢。

罗小儿扯开嗓子喊："大哥二哥啊，小弟我被苏家人打得血迹斑斑，又吃苏子由吐的臭口水，羞死正西街罗家的列祖列宗哦！马善被人骑，人善被人欺。罗家三兄弟，今日瓜兮兮。"

罗老大猛跺脚发了狠："老二老三一起上，冲啊！"

打起来了，在眉山文庙墙后头。罗家三兄弟不约而同冲向苏子由，这叫半夜吃柿子，专捏软的。苏子由挥舞瘦胳膊奋力抵挡，并不喊哥哥来相帮，因为根本不用喊。子由挨了几下，那罗小儿蓄足了劲要打他嘴巴，拳到子由面门，却被他领教过的那只有力的手挡开。那只手顺势一推，罗小儿倒个四仰八叉，脚蹬手乱的。罗老二从背后偷袭，那只手臂刹那间转为肘，肘击对方的胸口，只用了五分力，罗二连退七八步。

罗老大叫道："当心，苏子瞻是个练家子！"

他吐个门户，江湖上叫作螳螂拳的，却在三丈之外猛比画。果然是一条叫狗。

苏子瞻自幼崇拜李太白诗剑双绝，断断续续练过武功，向巢元修学过一些招式，也曾实战过几回。这世上总有一些人欺软怕硬，恃强凌弱，寻衅滋事。这种人欠揍。

苏轼要做好汉，好汉要打抱不平，何况为自家兄弟。

罗家三兄弟落败，灰溜溜走了，溜到十丈外才回头，骂骂咧咧。

有目击者形容说："苏子瞻真厉害，一个打三个，丝毫不落下风。苏子瞻的拐子(肘)拳法神出鬼没！嗬，苏铁拐！"

从此以后，罗家兄弟见了苏子瞻就绕道走，罗小儿尤其绕得远，溜得快。在学校他讨好苏子由，请子由同学吃叶儿耙……

巢元修对苏轼说："当年李太白剑术了得，自称天下第二剑客，'杀人红尘中''十步杀一人'。"

苏轼强调："李白杀的人都是坏人！"

杨、苏二人切磋武艺，向眉山的武艺高手礼正道学功夫，闻鸡就起舞，月下劲犹足。男孩子迈向男子汉，雄性渠道畅通无阻。

日后的豪放苏东坡，早年显然有基础。学校学六经，还得学六艺，六艺中包含了御、射。

苏轼诗云："少年带刀剑，但识从军乐。"可见他是练过武的。他有佩剑。

宋代的士大夫大抵文武双修，文官要带兵打仗，例如范仲淹、韩琦、欧阳修。

苏东坡在杭州做官时，惩治黑帮头子颜章、颜益。在密州，他"磨刀入谷追穷寇"，带着兵马进常山打猎，"老夫聊发少年狂，左牵黄，右擎苍，锦帽貂裘，千骑卷平冈"。

兵学，是苏东坡的家学之一。他在河北定州整顿禁军，卓有成效。他组建数万人的民兵组织"弓箭社"，巩固边防。

眉山苏家的家风，不乏尚武之风。

苏序的遗传基因很强大

苏序，字仲先，在生活中是个粗线条的人，粗中有细，"性简易，无威仪"。他有智慧，只管家族的大方向，不计较鸡毛蒜皮，因之，他几十年营造了很好的家庭氛围，宽松、自由、平等、有趣、随意。《苏轼年谱》引《族谱后录》云："先子少孤，喜为善……晚乃为诗，能白道，敏捷立成，凡数十年得数千篇，上自朝廷郡邑之事，下至乡间子孙畋渔治生之意，皆见于诗。观其诗虽不工，然有以知其表里洞达，豁然伟人也。"

白道，犹言口占。

苏序这位民间著名诗人，走到哪儿写到哪儿，主要写人事，从朝廷写到乡间。这也是一位业余的时事评论员，从王公大臣到县衙小吏，他都要点评一番。他诗瘾大，吃饭喝茶常常走神。如果他停下了筷子，全家人就望着他，等他张嘴吐佳句。月亮圆他也写几句，太阳升他会口占小诗一首。邻居添丁，他绕树低吟；皇帝驾崩，他遥寄哀思；寡妇改嫁，他予以赞扬；里人乱来，他即时抨击……苏东坡自幼听爷爷吟诗，看爷爷写诗。有时爷爷带他睡，他发现爷爷在梦里大笑，原来爷爷迷迷糊糊得了一句诗。

他对弟弟说："爷爷半夜笑醒，梦中得了佳句。"

兄弟二人使劲做梦，也要梦里得诗，却发现越使劲越无梦……

苏子瞻操着爷爷的口吻说："无为而为！"

爷爷慢悠悠吟唐人诗："两句三年得，一吟双泪流。"

苏轼说："爷爷，有一天你写了十二首诗。"

苏辙说："爷爷，有一天你写了九首诗，我磨的墨，手都磨痛了。爷爷下笔飞快！"

苏东坡诗句："非人磨墨墨磨人。"

"天真烂漫是吾师。"

苏序的形象思维异乎寻常地发达，这是完全可以推断的。他四十岁左右开始写诗，题材宽泛，有他足够的人生阅历做支撑，不空洞，不故作高深，更不会无病呻吟，为儿孙们营造了很好的语言艺术环境。这样的家庭不出一个大诗人，似乎说不过去。

苏序骑驴，豪饮，街边上箕踞，说古论今不休，灵感每天都有，提笔一挥而就，得意时哈哈大笑，把路人行人吓一跳……

磨墨铺纸交给孙子，爷爷自有长远考虑。

小城的高人，思维半径不小，目光穿透力强。书香如炉香，每日要添香。

苏东坡晚年谪居儋州，后悔一件事：未能把爷爷的诗篇记下来。他和爷爷一样，太随意了。

《族谱后录》：苏序"薄于为己而厚于为人，与人交，无贫贱，皆得其欢心"。

苏序为人很洒脱，并且不自私，在眉山的朋友多，什么人都有。他上街，街头巷尾打招呼的不断。他进茶馆，茶客们争相为他付茶钱，一文或两文。后来他的孙儿苏东坡，朋友遍天下，可能多达上千个朋友，古今罕见。有些朋友很是奇怪，他做大官，这些人十年八年不联系他，仿佛人间蒸发了；他倒霉的时候，他们却一个个冒了出来，例如陈季常、巢元修、马梦得、吴复古、王原。他贬谪黄州，陈季常去看他七次。他贬谪惠州，王原不远千里去陪他，住了七十多天。他贬谪儋州，七十多岁的巢元修从眉山出发，不远万里要去海南看望他，却累死在广东新州境内。

这类例子多得很，曾枣庄教授著有《苏东坡交游考》。

苏东坡对别人好，别人就对他好。道理简单，做起来不简单。

从苏序到苏东坡，那一条基因线十分明显。基因太强大了。

文化基因修正遗传基因

苏辙《祭亡兄端明文》:"幼学无师,受业先君。"

苏东坡是翰林院端明殿侍读学士。在宋代,殿高于阁,苏东坡曾经是龙图阁学士。

苏辙又云:"先君平居不治产业……有书数千卷,手缉而教之,以遗子孙,曰:'读是,内以治身,外以治人,足矣!此孔氏之遗法也。'"

先君指苏洵。而苏洵本人修身有不足,留下了诸多遗憾。早年他游荡,后来他闭门苦读。他性子野,自视高,脾气大,对程夫人的处境与内心不够体谅。跋山涉水进京,屡考进士不中,又使他连年郁闷,闷起来像个闷葫芦。这位处士,几十年处在西蜀小城,才华不小,牢骚甚多,他写文章痛骂王安石,又上书,要指点军政大臣,自视为苏秦、张仪式的人物。他崇拜纵横家,错认了他身处的时代。他有典型的老处士特征,"处士横议",滔滔不绝,眉山人乐于听,却听不大懂,叫作听稀奇,近乎听张道士摆玄龙门阵。后来欧阳修重用他,他来劲了,加油工作,编礼书,不足三年而亡于京师。他精通《战国策》,学不了老子、庄子。

依笔者看，文化基因未能修正苏洵的遗传基因。这样的例子耐人寻味。

苏序不是处士，从未问津仕途，于是，他一辈子优哉游哉，逍遥游于乡里。石佛镇尔家川有苏家的田产，吃穿不愁，他又不想吞并穷人的土地，倒是不断帮助穷人。后来他的孙儿苏轼在凤翔做签判，看大地主美轮美奂的庄园非常不顺眼，"此亭破千家，郁郁城之麓"。他甚至想没收地主的庄园。在开封府做判官，他保护民间的自由贸易，跟宫中的太监对着干。

苏东坡始终有一种宝贵的民间立场，这种立场直接来自他亲爱的爷爷苏序。

眉山苏家的家风，苏序显然开了长风。序言，序幕，序曲。名字仿佛有天意。

苏东坡名句："一点浩然气，千里快哉风。"做人，做事，做官，苏东坡俱称一流。

苏东坡做官并不是一根筋，尽管他在原则问题上寸步不让，无论对皇帝还是对权倾一时的王安石。他做通判，与太守合作愉快；做太守，又与通判相处甚洽。他写《上神宗皇帝书》《再上皇帝书》《谏用兵书》，洋洋万言，一针见血，言之有据，时见激烈而拿捏了情绪分寸，不致让血气方刚的神宗皇帝"龙颜震怒"。

杰出的士大夫不缺庙堂智慧，智慧是磨出来的。为了合作，适当的妥协是必要的。

我称苏东坡是生活大师，热血智者，文化全能，官员楷模。

豪迈、敏锐,勇于担当,又不是由着性子干。苏东坡有很好的团队意识。

苏东坡做人、为官,乃理想主义与经验主义的融合。

文化基因修改遗传基因,目前看来远不是普遍现象,能反观自身、洞察基因毛病的人向来不多,未来的人们将如何,尚属未知数。俗话说,江山易改,本性难移。人到中年以后,似乎越发活那一点基因,那一点脾气,生命之流趋于凝固,河流冰封了,破冰异常艰难。人们往往知难而退,由着性子活下去。俗话说,某人天性怪,改不了。某人脾气暴,改不了。而文化的一大用处,就是修改不大好的遗传基因,控制某些有害的天生秉性。所谓知书达礼,盖指此矣。然而,历代学富五车者、干坏事的坏蛋乃至大奸大恶之辈层出不穷。恶之花,千百年都在开。屈原悲叹:"何昔日之芳草兮,今直为此萧艾也?"

西方人说,魔鬼比上帝还要原始。

《论语》不言利。翰林院侍读学士苏东坡,苦口婆心劝宋哲宗:"言义而不言利。"

宋代的孔庙,不立子贡像。最初颜回被称"亚圣",地位非常高。

逐利是动物本能,尚义是价值规范。后者要控制前者。义利颠倒,前景很糟糕。

从人类数千年历史看,提升一点点好的本性是多么艰难。二十世纪两次世界大战,都是在所谓文明的中心爆发。

利益万古纠缠,词语指向仁义。如此而已。

普通人在日常生活中,读一些好书,时时存一点念头,与自己的秉性做斗争,庶几是有效的。比如夫妻相处,各自检点基因中的毛病,一定大有好处。

文化基因限制或修改遗传基因,这个概念是笔者提出来的,也是长期的经验之谈。

这是一个涉及所有人的大课题。学者教授们不妨专题研究。

基因不可测,苗头看得见。

却鼠刀

苏轼从野老手中得了一把却鼠刀,野老是谁?史料不载。这却鼠刀放在家里,老鼠就不见了。从此苏家只养狗不养猫。苏轼爱狗,决不吃狗肉,后来在惠州养了一只大犬叫乌嘴,疼爱有加。狗对主人无限忠诚,无数真实的故事令人泣下。杀狗吃狗者,东坡先生耻之……

却鼠刀看上去普通却有神奇功效,平时藏于匣中,耗子来了它亮相。试了几次,耗子都不来,躲得远远的。邻居借去用,也见效。有人猜测这却鼠刀杀鼠无计,野老先杀鼠,后却鼠,用刀用了数十年,传给天赋异禀、有才且有德的苏子瞻。

更有桂香街的智叟曰:"眉山苏家几代人,积德积善拜菩萨,方有此福报也,却鼠刀只不过现个端倪。唐朝有个宰相苏味道,乃是苏家老祖宗哩。"

市井听众的耳朵竖得高高:"哇,宰相苏味道!"

有书生奋然曰:"我要回家翻唐史,查一查这个苏味道……"

苏轼问爷爷,却鼠刀为何能却鼠,爷爷摇了摇头。

爷爷说:"我爷爷也没见过。"

这就神奇了,五寸却鼠刀,轰动了下西街、正西街、桂香街,学校的学生、市井的小儿纷至沓来,翘首观瞻小刀。杨济甫赞赏:"苏家院子有珍宝,苏子瞻得了却鼠刀,个中有天意哦,苏家将会出凤凰,出大鹏鸟,扶摇直上九万里。"

那罗小儿的眼睛鼓得像金鱼眼,再三央求苏子由,要借却鼠刀,说他家耗子猖狂,偷了猪肉又偷牛肉。子由转身问哥哥,哥哥说:"让他拿去用吧,灵不灵要看造化。"

罗小儿欢天喜地拿走却鼠刀,罗家三兄弟焚香九拜,把五寸刀恭恭敬敬请入厨房。腊肉香肠新鲜肉,随便放,不须塞进橱柜。夜深人静了,罗小儿尖着耳朵听响动,灯下打个盹儿,一梦未醒,却听得厨房吱吱吱鼠声大作。哇,大耗子、小耗子享受盛宴哦,罗小儿跳起来奔过去,推门一看,大叫惨也惨也,香肠、腊肉、新鲜肉被抢个精光,有一只硕鼠还在却鼠刀上跳舞……桂香街的智叟闻之,微微一笑,点评:"罗家小儿品行不太好,却鼠刀提醒家长哩,要有家风家教。"

智叟的点评传得比风还快。舆论有压力,罗家开会欲重振家风,罗小儿一改嬉皮笑脸,表情严肃。——罗小儿在思考。

苏轼又问爷爷:"爷爷,罗家用不了却鼠刀,是何缘故呢?"

爷爷说:"有些事,说不清。也许善有善报,恶有恶报吧。但愿罗家兄弟吸取教训，活出个人样来。"

苏轼不解："爷爷，人样是啥样啊？"

爷爷只用温暖的大手摸摸他的脑袋。从小到大，爷爷的手指能说话。祖孙二人默契多啊。四五岁以后，苏轼很喜欢跟着爷爷睡，爷爷肚子里的故事比星星还多，爷爷每天都吟诗……

这一天，苏轼寻思，人样究竟是什么样。夜里他端详却鼠刀。他出门仰望满天的繁星，宇宙何其大，人何其渺小。

苏东坡一生的神秘现象颇不少，最神秘的，是在太湖上的金山寺遭遇不明飞行物，他横竖弄不明白，写下七言诗《游金山寺》。北宋科学家沈括《梦溪笔谈》，对江浙一带的碟状飞行物有详细记载。

《苏轼年谱》："庆历六年（1046）丙戌十一岁。《却鼠刀铭》约作于此岁或略前，祖父序称之……东坡幼年作《却鼠刀铭》，祖父称之，命佳纸修写、装饰，钉于所居壁上。"

这是有记载的苏轼的第一篇文章，亲爱的爷爷命人用佳纸书写并装饰，钉在墙上，好多同窗来读，子瞻满脸发光。

从此以后，苏轼对文字的感觉更上一层楼，凡事都要想一想或写一写，走路都在造句。

人的思维是靠语言来进行的，语言的抽象规定了一切具象。

中国人乃汉语思维者。

看来，却鼠刀的神效不止却鼠。

箕踞

苏序值得研究。

苏序的相关记载多,从青年记载到晚年,在苏氏族人中仅次于苏东坡,远在苏洵之上。但是从北宋到今天,苏序的事迹未能得到很好的梳理与阐释。十年前,笔者写五十五万字的《苏东坡》,注意到苏序的两三件事;今年写这本书,注意到苏序的十几件事。

苏序的为人,既严谨又活泼,既有宏大庄严,又有天真烂漫。他的天真不是装出来的。

第一,他不当官;第二,他不图生前身后名。写了几千首诗,大约随写随扔,自己不去捡,也不叫众多的子孙捡起来。诗言志。老诗人苏序志在何处?在乡里,在眉山,在道德与风俗之间。"语言是存在的家。"苏序一直在家里。

民间活得通透的人物,历朝历代都有,只是他们隐而不彰罢了。他们不进入历史叙事。草木荣枯,天何言哉?如果苏序不是苏东坡的爷爷,他的事迹也传不下来。如果老子骑牛出关不碰上关吏,大约也没有《道德经》。孔夫子不写书,弟子们记录言行。苏东坡景仰三代(夏商周),三代圣人

"述而不作",不写书。

1024年,苏涣考上进士,轰动百里,"子贵封官",苏序变成了苏太傅。这一年苏序五十一岁,他的直接反应是一派天真。

《苏轼年谱》引苏轼文:"祖父嗜酒,甘与村父箕踞,高歌大饮。忽伯父封告至……一日方大醉中,封告至,并外缨、公服、笏、交椅、水罐子、衣版等物。太傅时露顶戴一小冠子如指许大,醉中取告,箕踞读之毕,并诸物置一布囊中。取告时,有余牛肉,多亦置一布囊中,令村童荷而归,跨驴入城。城中人闻受告,或就郊外观之,遇诸途,见荷担二囊,莫不大笑。程老闻之,面诮其太简,惟有识之士奇之。"

程老,苏轼外祖父。这里,苏轼似乎把外祖父排斥在有识之士之外。

苏序封了官,箕踞读文告。

司马昭请阮籍赴宴,阮籍在座中箕踞,旁若无人,视大权臣司马昭为无物。眉山人未必知道这个典故,苏序也不解释,"人不知,而不愠"(孔子)。他把朝廷文告和赏赐的东西一并塞进布袋,又把吃剩的牛肉装进另一个布袋,村童挑着担,他骑着毛驴,头戴指头大小的小冠,悠悠晃晃入城,醉态可掬。他不搞仪式,不沐浴焚香再拜接文告,而是醉中取读,潇洒得很。箕踞饮村酿,箕踞读官方文告。苏轼连续两次用这个词,含赞许之意。

苏序有齐物的风度,而程老显然不懂这一层,当面嘲笑亲家。

苏序不解释。几十年后苏东坡替爷爷解释。

猜想苏序

历史学必须插上文学的翅膀,才能飞入千家万户。

司马迁写《史记》,并用史学与文学笔法。鲁迅先生赞曰:"史家之绝唱,无韵之《离骚》。"

《资治通鉴》的作者司马光说:"实录正史未必皆可据,野史小说未必皆无凭。"《资治通鉴》选材广泛,除了有依据的正史外,还采用了三百多种野史笔记。

鲁迅说,所谓正史,无非是帝王将相的家谱。

苏序是个典型的民间人物,不求闻达,不管鸡毛蒜皮的闲事,族中的大事,眉山的一些大事,他才亲自过问。他既是逍遥派又是实干家,既有文化修养又不冬烘、不迂腐,既有乡土情怀又敢于放眼天下,既能救助别人又不放过自己的生活享受。

苏序活得不沾,不滞,不固。一般人达不到这个生存境界。

他不仅是一位好人,真是一位高人。也许两宋三百余年,眉山的民间也出过类似的高逸之人,但没有记载。真正的隐者一隐到底,比大隐隐于市的那一类隐士隐得更彻底。

苏序的为人行事："行之既久，则乡人亦多知之。"

"薄于为己而厚于为人。"

"性简易，无威仪。"

"不学《老子》而与之合。"

这些句子是《族谱后录》中的关键点。

可以猜想的是：苏序小时候受父亲苏杲的影响。资料不多，但不妨凭借零星史料展开想象。

苏序的孩提时期是比较宽松的，家境尚可，但家里不追逐钱财，不趁灾荒年买更多的田产哄抬物价。道德氛围浓厚，这是眉山苏家延续百年的核心价值。苏杲孝，苏序孝，苏轼孝，苏东坡的三个儿子、苏子由的八个子女，皆孝顺，未闻不孝。苏东坡贬黄州，苏迈陪伴。苏东坡贬海南的儋州，苏过陪伴老父三年，东坡感慨："过子不眷妇子，从余此来，其妇亦笃孝，怅然感之。"苏过的妻子和两个孩子留在惠州。

三苏家风，道德是长风。孝道是核心中的核心。

我的伯父刘孝，事双亲至孝。我父亲九十一岁了，时常想念我的祖母，泪湿衣裳。我母亲对我的重男轻女的外婆从未抱怨半句……眼下写这些，真是感慨万端。

民间评论孝与不孝只有两句：想得到还是想不到；想得粗还是想得细。

再过一万年，这两条也是试金石。

苏序令人惊讶的是他的生存灵动，兼具原则性和灵活性。"从心所欲不逾矩。"(孔子)中年以后他越活越开阔,仿佛他是孙儿苏东坡的生存预演。

写诗、喝酒,三朋四友。箕踞、闲步,骑驴不骑马,永远笑哈哈……

天砚

岷江有各种各样的怪石头，奇形怪状的，颜色惹眼的，更有巨大的"石头怪"，枯水季节露出来，眉山的孩子们七手八脚搬不动。冬季，男孩子奔岷江捡石头，高叫："鸡公鸡婆叫，各人寻到各人要。"苏子瞻捡石头很起劲的，家里有石头猪、石头牛、石头鸡、石头猫、石头佛、石头兵、石头蛙、石头鱼、石头妖、石头猴、石头二刀肉……后来在黄州长江边，苏东坡捡了二百九十八枚"细石"，用一个大铜盆供起来，名之曰"怪石供"；在泗州，他醉卧"醒酒石"；在河北定州，他玩雪浪石，书房叫"雪浪斋"。他还夜游石钟山，写下《石钟山记》。

审美的眼光起于童年。兴趣广泛的儿童一定会有审美眼光。存在的惊奇是决定性的。

今日少年儿童，要克服"自然缺乏症""伙伴缺乏症""审美缺乏症"。吴冠中先生尝言："美盲比文盲还多。"

捡呀捡呀捡石头，大石头、小石头、厚石头、薄石头，苏子由跟在哥哥身后，后面还有苏不疑、苏不欺、苏不危、杨济甫、巢元修。罗家三兄弟和章二娃也在捡石头，陈太初和他的道士父亲也在捡石头，巴望捡一块道士模样的石头，名之曰石头真人、石头道人、石头散人、石头元始天尊。陈太初宣称：捡石头要有诚心诚意，必要时要念一通咒语。

苏轼不管他，盯紧了满眼的石头。抬眼一看，河床里捡石头的娃密密麻麻。

冬季冷啊，裹了厚棉衣还是冷飕飕，河风入骨飕飕的。孩子们转来转去不停歇，有些人搬石头出大汗……苏轼忽然眼睛一亮：有一块石头中间凹陷，恰似墨砚。石头呈紫色，唯一的缺点是重了点，可能有十几斤。苏轼抱它起来，感觉不止二十斤，歪歪扭扭走了百余步，颇吃力。石头的边缘光滑，不好抱。

铁匠的儿子杨济甫说："太沉了，我来吧。"

于是，二人轮换回抱，迎着河风。

苏轼抱石头上了岸，抱得一脸汗，放下石头歇一歇，这是下午，冬水田结了冰，阴风刮得茅草弯腰、飞鸟入巢，而苏轼觉得凉爽、舒服，抬望眼，极目大江两岸，雄浑之美与苍凉之美随着江风逼入骨头，浸入肌肤。得了一宝贝，就是重了点。石头巨砚，哈哈，真喜欢！

这一年苏轼十一岁，迷上了笔墨纸砚。他用的笔叫张武笔，生日那天爷爷送的礼物。他渴望南唐李后主专用的澄心堂纸，爷爷说了，待来年阳春三月，骑马走成都求一纸。

爷爷在成都，有雅好笔墨砚纸的处士朋友。

苏子瞻、苏子由围着巨砚转，天天磨墨，写楷书，墨如猪。后来苏东坡的书法有"墨猪"之称，绵中带骨。东坡又是个"墨痴",《墨史》云:"苏子瞻有佳墨七十丸,而犹求觅不已。"在海南儋州,东坡先生制"法墨",中原士大夫争相索求……

在眉山,学堂先生刘微之想看看巨砚,苏子瞻用背篓背了去,从西门口走到南门口,累得呼哧呼哧。先生赞曰:"开眼了开眼了,这么大的砚。"

杨济甫戏曰:"子瞻得巨砚,先生开了眼。"

章二娃抱巨砚,一双小手抱不动,惊呼:"这石头有一百斤哦,比我重一半哦。"

苏子瞻又将巨砚背回去,穿过眉山半座城,背到正西街有点背不动了。大约砚吃水,吃墨,越发沉重。苏子瞻正呼哧呼哧,却见爷爷骑驴而来,驴驮巨砚小菜一碟。

孙儿问爷爷:"爷爷,你专门来接我吗?"

爷爷笑道:"怕你压弯腰,以后不好娶媳妇。我的孙儿抻抻展展,将来定是玉树临风。"

苏轼成年后,身高估计在一米七五左右,体格匀称。苏辙更高一些,偏瘦,有点挑食,胃口不如哥哥,生命张力也不如哥哥。

据《苏轼年谱》,苏东坡自言:"仆少时好书画笔砚之类,如好声色。"

他可能感动了上帝,一日,天砚来了。

《苏轼年谱》:"得异石,试以为砚。父洵谓为天砚,并谓是乃文字之祥。"

据《苏轼文集》卷十九《天石砚铭·序》,"石得之纱縠行宅隙地中"。

天砚来到了苏家五亩园,苏子瞻连日雀跃。爷爷说:"住了这么多年,儿子没见天砚,孙儿倒看见了,天意存焉,天意存焉。"

这一方天砚比巨石砚小了许多,通体青色,玉一般滑手,苏轼半夜起床要摸一摸,闻一闻。试本地佳墨试了七八种,端得好使,下笔如有神助,书法日益精进。

后来苏东坡说:"吾幼而好书,老而不倦。"今日眉山三苏祠有个洗砚池,五米见方,池中"蛙口俱黑",苏家的青蛙一代代吃墨水,基因变异。

爷爷病了

苏轼不知道爷爷病了,因为爷爷病得不像病,还是大口喝酒,大声说话,大步流星。

《苏轼年谱》:"祖父嗜酒,甘与村父箕踞,高歌大饮。"箕踞,坐姿随意,像个簸箕。苏序从十几岁开始喝烧酒,喝了六十年了,美酒劣酒无数坛,百倍于小酒量苏东坡。宋代的村酿不乏烧酒,有三十多度。唐代的一款宫廷酒名叫"剑南烧春"。烈性酒古已有之。

苏序儿孙满堂,苏序交游广阔,苏序新作不断,苏序豪饮高歌,苏序箕踞剧谈……

可是公元1046年春,苏东坡的爷爷苏序病了。他独卧,半夜咳嗽,两个孙儿听不见。他独自上街问医,从西门走到东门的县衙附近,不复骑驴,因为他骑不上去了……

七十五岁的苏序,拄杖而行黄昏里,这可少见。他的气色也不大好,沿途不串门子,可能不想让熟人察觉他的病容。见了熟人,低下头。他尽量走小巷子,却是绕了,路远了,费脚力啊。以前一阵风似的刮遍眉山城,围城疾走九里九,精神犹抖擞,眼下却感觉小巷子好长,好长。

东门口问医，拿药，往返十几里，中途悄悄歇了两回气。爷爷苏序叹息："雄风不再也，双腿拖不动。当年走如飞，如今很沉重。"

爷爷拄杖望巷尾，有点希望活蹦乱跳的孙儿来搀扶一下。孙儿子瞻十一岁了，体壮如小牛，日食米半斗，就像爷爷小时候。唉，做爷爷的，这些日子，这些病恹恹的日子……也曾想靠一靠子瞻结实的肩膀。想想而已。想象中乐一乐罢了。爷爷不仅不靠孙儿的肩膀，还硬撑着，爷爷仿佛永远是那个硬朗的爷爷，那个健步如飞的爷爷。当年哪，孙儿以爷爷为骄傲，对同学宣称："我爷爷力能扛鼎，我爷爷一饮三百杯，我爷爷单骑走剑门关一日五百里！"

黑夜里，苏序一声长叹。他坐在长凳上。这种斑驳的五尺长凳，家家户户门前有，为路人提供方便。陈旧的凳子，不旧的邻里温情……

几十年照顾一大家子的苏老爷子，眼中闪出一点泪花。这可从未有过。老了，病了。一条小巷子走不到头。看来，眉山城不再属于他了。他的七十多年的眉山城啊，每家人都面熟，一半是朋友。哪家的酒好，哪家的菜香，哪家的娃有出息，哪家的媳妇能干、孝敬公婆，苏序如数家珍。

苏序想：狮子老虎病且老，它们却会怎么样？一天天趴着，独自享受最后的时光。

尚有牵挂：儿子苏洵在京师，不知黄金榜上有无名字。（这一年苏洵未考上进士。）

还有牵挂：孙儿子瞻啊、子由啊，老二家的三个"不"

孙子啊……

泪又来了，不止一滴。苏老爷子赶紧抹去，张望左右。哦，强大者的自怜时光。

人一走，再也看不见可爱的孙子们啦。

风萧萧兮岷江寒，苏序将去兮不复返。而苏家的序幕已经拉开。

拉幕的人却在何处？

老爷子自语："看不见了，看不见了。"

他看见了小巷人家的灯。夜燃灯，两边依稀读书声。子瞻、子由在南轩读书，寒暑不废。做爷爷的甚感欣慰，甚感……他一用力站起来了，慢慢走，低着头，不想碰见熟人朋友。

慢慢走到五亩园了，苏序提一口气，加快了步子，跨进了院门。孙儿子瞻听到了熟悉的脚步声，欢快地从南轩书房冲出来，像往常一样扑向亲爱的爷爷。爷爷使大力稳住了身子。

孙儿撒娇："爷爷抱我一下嘛，小时候，爷爷抱我背我扛我，驮着我和弟弟在地上爬。"

苏老爷子停了停，喘口气，鼓足劲，双臂把孙儿子瞻举向灿烂星空。

最后的一抱。

爷爷苏序走了

程夫人煎药,任采莲煎药,五亩园弥漫着药味儿。

苏老爷子躺下了,终于躺下了。病榻上没有声音,病人咳嗽捂紧了被子。程夫人伺汤药泪流满面。这一年程夫人三十七岁,嫁到苏家二十年。公公是家里的顶梁柱啊,凡大事,公公拿主意,平日里对谁都和蔼可亲。助人为乐,他不求回报。眉山人谁不敬他呀……

苏轼问母亲:"爷爷怎么啦?"

母亲说:"爷爷伤风感冒,要将息一阵子。"

苏轼上学堂,母亲让他给爷爷端一碗药,他端了药,母亲又吩咐他,进屋后跪呈汤药,说是民间有风俗,跪呈汤药疗效好。苏轼掀帘子进屋,含笑跪呈于爷爷的病榻前。

爷爷欠起身,勉强喝药。

苏轼说:"爷爷,孙儿上学啦。"

爷爷没吭声,喝药累了。苏轼迟疑了一下,他走到门边,听见爷爷唤他。

爷爷以手指示意脸颊,让孙儿亲亲他。孙儿趋前亲爷爷,晨光中的爷爷笑了。

苏轼拉着九岁的弟弟去了城西寿昌院,时在五月,眉山城盛开着鲜花,麦子收割了,谷苗正在长。"小呀么小二郎,背着那书包上学堂,不怕太阳晒……"

苏轼在学堂念唐诗,犹喜李白、杜甫、杜审言。杜审言是杜甫的祖父。苏轼听爷爷讲过,苏家祖上有一位诗人宰相苏味道,与杜甫的爷爷杜审言交厚。

杜甫有个好爷爷,苏轼有个好爷爷。

苏轼念杜诗:"自去自来梁上燕,相亲相近水中鸥。"

先生刘微之,摸摸他的冬瓜脑袋。先生可不简单,百里有名气。后来先生卒,翰林学士知制诰、宋代最有骨气的谏官范镇,有诗吊刘微之。

先生夸苏轼:"子瞻啊,你不愧是你爷爷的好孙子。你爷爷近来可好?"

苏轼答:"爷爷卧病吃药。"

先生说:"得空我去看看你爷爷。他老人家是眉山的奇人、高人、善人,有情有义之人。"

苏轼倍觉荣光,寿昌院一百多个学子投来羡慕的眼光……后来苏东坡形容爷爷:"甚英伟,才气过人……豁然伟人。"爷爷一点都不自私:"急人患难,甚于为己。"

下午是自由自在的时光,苏轼、苏辙与表弟程六、家定国兄弟,出城去了七里坝,玩草垛,捉鱼虾,骑水牛,冲田埂,扑腾哗哗的小河。肥沃的七里坝啊,爷爷常走七里坝……

杜甫名句:"峥嵘赤云西,日脚下平地。"

日将暮也不归家,枝头鸟啊叫喳喳,孩子们啊哇哇哇。

苏轼惊叹:"哇,'夏云多奇峰'。"

程六忙问:"谁写的?多么形象的诗句。"

苏轼摇头:"爷爷喜欢的一句唐诗,作者是何人,我也不知道。"

苏序喜读书,类似陶渊明"不求甚解"。除了李白、二杜、白居易,他不管作者姓甚名谁。

田间小路真舒服,有些农家起炊烟,袅袅于竹林,上指兮红云,飞鸟兮翩翩归林……

委实爽也爽也,果然妙哉妙哉,难怪苏序爷爷爱走七里坝,走尚义镇。据说"尚义"二字是爷爷向眉州太守建议的,太守欣然采纳。眉山县有个修文镇,埋葬着苏家的祖先。

苏子瞻一念接一念的,念念有爷爷。上午在寿昌院学堂,先生也问起爷爷。这是咋回事儿呢?为什么今天老是爷爷、爷爷?

这一天是公元1047年5月11日。

苏轼想:爷爷病了。

从他记事起,爷爷还没有病倒过。爷爷像一根顶梁柱,"风雨不动安如山"。

少年在七里坝走啊走,心里如歌复如酒。却忽然来了一股心疼,疼得蹲下了。咋回事呢?心跳也加快了。少年郎跟跑了几步,心越发疼,脸色都白了,旁边的家定国直直地望着他。十余年后程夫人去世,苏轼在汴京突感心疼。最亲爱者的弥留之际，也许发生量子纠缠。

远远地，一个人影在田野上奔过来，五十步外就喊："子瞻，你爷爷走了，咽气了。"

奔来的人是巢元修。

苏轼扑通一声，朝家的方向跪下。

早晨亲爷爷，原来爷爷，原来爷爷……

苏轼奔回五亩园，迎头看见了一具黑棺材。

几天后，眉山苏家收到从成都寄来的一件包裹，里边有一张名贵的澄心堂纸，一丸张遇墨，一支成都流行的相如鼠须笔。显然是爷爷生前安排的身后事。

爷爷的乖孙子抱着包裹大哭。爷爷啊爷爷啊……

《苏轼年谱》："五月十一日，祖父序卒于家；后赠太子太傅。序能诗，薄己而厚人；尝拆庙毁妖神像……凶年尝卖其田以济饥者。既丰，人将偿之，曰：'吾自有以卖之，非尔故也。'卒不肯受。力为藏退之行，以求不闻于世。然行之既久，则乡人亦多知之，以为古之隐君子莫及也。"

卖田济贫，囤粮救饥，是不大考虑自家后果的，一般人做不到。苏东坡说，苏家"以此穷困，厄于饥寒者数矣"。

苏序卒，眉山人举哀，九街十八巷皆有哭声。士、农、工、商纷纷往吊。

苏序既是高人又是好人，在乡里享有盛名，眉州四县知他名字。人们由衷地敬仰道德人物，表明大环境是好的，人们不以为异。仁义道德不是孔夫子的发明，它的雄厚基础在民间，它是人际交往永恒的黏合剂，务农、做工、经商，须舆不可缺。

苏序的形象有外溢效应,从家族、家庭扩展到市井,流布到乡村。这对成长中的苏轼、苏辙有难以测量的精神感召力。偶像就在身边,榜样就是爷爷。

苏轼说:"祖父'气量甚伟'。"

苏东坡记述祖父的文字最多,情感最深厚,单凭传下来的史料,他就三次用了"伟"字。有些话他是对朋友讲的,朋友记下来,著书传之后世。北宋的眉山,苏序堪称第一高人、头号善人、百里伟人。真正的善良者不求回报,苏序、程夫人、苏东坡,都是利他的典型。

《苏轼年谱》:"八月,父洵在虔州得祖父噩耗,奔丧回蜀。"

次年二月,"祖父序葬于眉山安道里先茔之侧"。

苏洵《忆山送人》:"到家不再出,一顿俄十年。"

骑牛读书

苏东坡有骑牛读书的习惯，有时在城里，有时在乡下。

《苏轼诗集》有云："我昔在田间，但知羊与牛。川平牛背稳，如驾百斛舟。舟行无人岸自移，我卧读书牛不知。前有百尾羊，听我鞭声如鼓鼙。我鞭不妄发，视其后者而鞭之……"

苏家在乡下有田产，有数量可观的牛羊。苏氏兄弟有时候住在石佛镇尔家川，骑牛读书也放羊。苏轼诗句："卜田向何许，石佛山南路。下有尔家川，千畦种秔稌。"

少年苏轼不会种田，但是熟悉乡村生活。骑牛看书，文字把思绪弹得高高，诗句拢集广阔的原野，招呼日月星辰。这叫活得天宽地阔，细腻体验万物生机。

文字敞开世界，电脑收缩世界。笔者很担心的是：小孩子对自然、对天地万物的感受力持续下降。爱这个世界，将怎么爱？

宋代有了印刷术。宋代的书，字比较大。

十几岁骑牛读书的苏东坡，胜过所有盯着电脑不放的青少年。互联网叫作"瘾在逗"，把一体之生命拆解成碎片，把喜怒哀乐变成过眼云烟……

眼下,有条件带小孩子去乡村的城里人家并不少,应当存个念头,让孩子去体验广袤的野地,跟草木虫鱼交朋友,跟不可预期的、神秘的东西打交道。原野上的风更像风,雨更像雨,雾更像雾,薄暮更像薄暮,黑夜更像黑夜,早晨更像早晨,阳光更像阳光,月亮更像月亮……而城里的所谓月亮,不过是卡在钢筋水泥间的一个毫无美感的发光体。

决不能让屏幕上的"太阳"取代天空中的太阳。

农家小院喝酒,素心人摆龙门阵,胜过全世界的豪华包间。

小孩儿爱自然,怎么爱?从点点滴滴做起,切忌走马观花,切忌娇生惯养,切忌把大人的短视传导给孩子。

婴儿期就要到广阔天地去,让原野上不羁的风,荡起心灵最初的涟漪。

手抄《汉书》

苏轼抄书的习惯是爷爷教的。程夫人引导他读《汉书》,讲汉代的英雄人物。爷爷去世后,苏轼抄《汉书》全文,几十万字,抄着,不由自主地怀念着、回忆着,情绪的起伏乃是笔底之波澜。宋代的科举考试,要考"身、言、书、判","书"就是书法。

张武笔、张遇墨,是爷爷留下来的,苏轼舍不得用。那一张从成都寄来的澄心堂纸,他更是当作宝贝。神宗元丰五年(1082)在黄州作《寒食诗》,他用了这张纸,写下被称为古代三大行书之一的《寒食帖》,现藏于台北故宫博物院。千年前的用墨,墨色鲜亮如昨天。

《寒食诗》凄然落笔:"君门深九重,坟墓在万里。"

苏东坡的好书法是抄书抄出来的,笔端有情感。先是想爷爷,后来想妈妈……

宋人笔记《春渚纪闻》:"苏公少时,手抄经史皆一通。每一书成,辄变一体,卒之学成而已。乃知笔下变化,皆自端楷中来尔。"

《真迹日录》:"苏长公手录《汉书》全部及《金刚经》。"

《苏轼年谱》:"苏轼凡三经手抄《汉书》。"一部《汉书》,八十万字。

南轩

眉山城西纱縠行的苏家五亩园,十几间青砖灰瓦房子,一口深井今犹存焉。书房叫南轩,几千卷书,静静滋养三代人。后来苏东坡在京城做高官,回忆起小时候的一个得意句子:"坐于南轩,对修竹数百,野鸟数千。"

苏轼说:"南轩,先君名之曰'来风'者也。"后人呼它几百年,不知何时变成了"来凤轩"。

来风,来凤,都弥漫了书香和诗意。那么多竹子,那么多野鸟,风声雨声读书声。五亩园的建筑朴素而亲切,活蹦乱跳的孩子,在园里容易安静下来。树木池塘有气场。

苏轼自言:"轼七八岁时,始知读书。"七八岁以前,苏轼每日到处跑。

南轩环境真好,既有外环境,又有内环境。书香从婴儿期就开始袭人了,家里的每个房间都有书卷。梧桐树下,春风秋风皆来翻书。爷爷、母亲、二伯父、大舅,连同堂兄表哥们,个个都是读书人,父亲更不用说啦。史料显示:程夫人"好读书,通古今",书香首先从母亲温暖的手掌中散发出来,带着母爱的温馨,植入幼儿的肌肤。

在城里五亩园的家，墨砚笔真是好东西。苏轼自云："先君与吾笃好书画，每有所获，真以为乐。唯子由观之，漠然不甚经意。"

由此可见，童子功是何等重要。苏东坡的书法与绘画，宋代称第一。童子功固然有先天的因素，更需要后天的努力。苏东坡三次手抄《汉书》，他用的《汉书》是母亲生前最爱看的……

陈寅恪尝言："有宋一代，苏东坡最具史识。"

钱锺书赞赏："苏东坡最精禅理。"

文学艺术的巅峰人物，由眉山五亩园的南轩奠定了基础。

家风，一定要有书卷气。

看手机的人和看书的人，不可同日而语。

南轩起风了，风从竹林来，风从野鸟斜飞的羽翅来。

少年苏轼合上一卷书，遥想远游的父亲，是在陕西呢还是在中原？

平台

苏洵可不一般,如果苏洵一般就没有苏东坡了。这位眉山老处士读《战国策》读出了道道。战国人物,比如苏秦、张仪、鬼谷子,无非三个特点:一是思维半径大,二是目光穿透力强,三是鬼点子多。苏洵十余年间几次远游,叩访那些世内高人,一为长见识,二为搭平台。在江西九江,他与雷简夫订交,日后雷简夫做雅州(雅安)的知州,写介绍信给欧阳修,举荐三苏父子。他结识了眉州青神县人陈希亮,陈希亮后来在凤翔府当一把手,正好是苏轼的顶头上司。他又想方设法,让益州(成都)最大的官张方平晓得了他的才华。

生不用封万户侯,但愿一识张益州。怎么识?苏洵却要绞尽脑汁。一介小城布衣,要见朝廷派到成都的张侍郎,难于上青天。苏洵人在眉山城下西街,放眼成都府,彻夜研究张方平。金陵奇人张方平,官居礼部侍郎,看书过目不忘,喝酒百杯不醉。如果张方平说渴了,他的左右会奉上一壶酒,而不是一盏茶。

苏洵寻思:送张益州几坛子家乡好酒?

他转念又想:人家是高官,高官缺好酒吗?

张方平作为政绩卓著的一方大员,他最想要什么?人才!要为朝廷发现人才。

眉山布衣自问自答:"苏洵是个人才吗?苏洵肯定是人才。"

于是,这个人才干起来了。他平生交游广阔,朋友们通过不同的渠道,把他的文章呈送给张方平。金陵奇人一看拍案,二看大呼:渴啦渴啦!左右急忙斟满剑南美酒。

大官张方平兴奋了,落笔写道:"勿谓蜀无人,蜀有人焉,眉山处士苏洵其人也。宜速来!"

大人物召小人物速去成都,小人物却念起了家传顺口溜:"苏家想要雄起,遇事就要稳起!"

过了一个多月,苏洵不动身,书面语叫作"迟迟其行"。全城的人都知道这件事了,相顾曰:"苏洵和他老父一个样,干啥事儿都叫稳得起。苏老泉,稳得老!"

为何苏洵要稳起?且听下回分解。

"纷然众人中，顾我好颜色"

姜太公稳得起，诸葛亮稳得起，眉山苏洵也要稳得起。益州知州张方平派人两次请他，他称病，不去成都。其实他在下西街的荷花池塘钓鱼。眉山城轰动了，成都士林也盛传：有个当世大才子名叫苏洵的，连张益州都请不动。张方平亲自修书相邀，派急足驰送眉山县衙，再由县令转交给苏洵。县令拿着信跑到池塘边，正好碰上苏洵钓起了一条大鲤鱼。好兆头。

穿草鞋的苏洵收下张益州的亲笔信，居然连看都不看，他看鱼，瞟一眼县令。他的眼神酷似他所想象的战国人物。目击者赞叹："眉山布衣苏老泉啊，诨名叫作稳得起。堂堂眉山县令，就像他的下级！"

其实，苏洵这么做，也有危险性：成都的干谒者早就把张方平的府第团团包围了，这个大领导忘了眉山一介布衣，不是不可能。

春三月，苏家三父子，快马加鞭走成都。眉山县令还举行了盛大的欢送仪式，要让眉山的千百个后生亲眼瞧瞧：什么是人才的待遇。

张方平在成都耐心等人才，足足等了五十天。他浓墨写下六个字："久之，苏君果至。"

左右报告苏洵携二子来访，张方平倒屣而迎。他一见苏洵便说："你再不来成都，我就去眉山了。"

苏氏兄弟拜见张方平，苏轼的动作言语目光，很有些粗野。阅人无数的大人物并不计较。一席交谈下来，张方平喜出望外。勿谓蜀无人，蜀有人焉！不止一个人才，而是三个人才。

三苏父子在成都享受了国士般的待遇，食有鱼，出有车，住高级宾馆，欣赏歌舞丝竹，畅游摩诃池、望江楼、武侯祠、大慈寺、杜甫草堂……性格沉稳的苏子由兴奋了，在官厅口占一首五言诗："成都多游士，投谒密如栉。纷然众人中，顾我好颜色。"

成都多游士，多如过江之鲫。跳龙门的三条鲤鱼，却来自眉山的下西街。

张方平一见三苏，就要一醉方休。他写信给翰林学士欧阳修，正式向朝廷推荐三苏。另外，非常重要的是，他让苏轼、苏辙越过乡试，直接到汴京参加礼部的府试和礼部试，前者考举人，后者考进士。

这一天，苏老泉终于稳不起，他拿出了一坛子从家乡带来的古村佳酿，跟张侍郎张大人张伯乐同醉。苏子瞻酒量小，喝得东倒西歪。苏子由喝得脸上红霞飞。

后来，有乡邻问："苏君何以稳不起了？"

苏洵答:"苏家已经雄起,所以不必稳起。"

人啊,有时候要享受一下高峰体验。

这是公元1055年,苏家三父子先在蜀中雄起。

甚野

小伙子苏东坡是何形状？苏洵《上张侍郎第一书》："洵有二子：轼、辙，龆龀授经，不知他习。进趋拜跪，仪状甚野，而独于文字中有可观者。"甚野，野得很。

趋，跟着长辈或尊者快步走。《庄子·田子方》："亦步亦趋。"

眉山后生苏子瞻"仪状甚野"，殊类乃父。这后生野到什么程度呢？不清楚。苏轼的生命冲动酷似苏洵，他显然有野汉子的一面。动作野，行事野，目光野。基因中伏下的野性，已彰显于祖辈与父辈，苏东坡沿着家族的基因通道走得更远，终于走到皇权的对立面，"哀民生之多艰……虽九死其犹未悔"。

苏洵年过半百，给丞相富弼写信，给枢密院大臣韩琦写信，只顾自己下笔痛快，结果闹得不愉快；又写《辨奸论》痛骂王安石，不计后果。苏洵的老处士性格可见一斑。"处"久了。他是璞，还不是一块精雕美玉。

后生苏子瞻埋首于经卷，然后就冲来冲去。"质胜文则野。"如果他一直在偏僻的西蜀小城，则很难冲出大格局来，且未必能冲到苏洵的高度。苏洵早年脚野，活动半径大，叩访的高人多。雅州太守雷简夫形容苏洵："用之则为帝王师；不用则幽谷一叟耳。"

生命冲动是说，内驱力绵绵不断，冲动者并不自知。生命冲动是柏格森的哲学概念。

小伙子苏轼究竟在眉山干过些什么呢？愚事蠢事荒唐事，苏轼干过吗？大约干过几件吧，青春乃是试错，年少会有盲动。苏轼不可能活得中规中矩，像戏台上的文弱书生。

开豪放词派的人物，绝不可能一天到晚枯坐书斋——他每天都有撒野的时间和空间。

十八岁的那一年，他有过一次强烈的野性冲动，稍后细表。

中国历代文豪，无一不是早年释放了天性，培养了独立性，然后冲力强，与现实发生剧烈冲撞，撞出灿烂的生命之花，绽放千年不败的词语之花。

历代大文人走向官场又背向官场，其间产生强对流张力区，生雷鸣电闪，生文化巨匠。大文人是因为扛得住压力才大起来的。阻力生强力。水石相击浪千重。

一个李白升起了，千百个小诗人沉下去。古代的文化传播优胜劣汰，歪瓜裂枣是传不开的。凭借皇权力传播也不行，宋徽宗、乾隆写了那么多诗，谁记得？

少年野性是什么？野性孕育创造性。

我们回头看看十七八岁的苏轼。

十八岁的苏轼有点犟

苏东坡书信《与王庠》:"轼少时本欲逃窜山林,父兄不许,迫以婚宦。"

《苏轼文集》:"本不欲婚宦,为父兄所强。"他用了一个"迫"字,又用一个"强"字。兄,当指堂兄。他三岁时,哥哥景先已去世。

十八岁的苏轼不想结婚,不愿考进士走仕途,很可能是受了爷爷的影响,一辈子在小城自在逍遥。爷爷不读《道德经》而与老子合,苏轼读《庄子》心领神会。

爷爷一生足不出蜀,不也是个"豁然伟人"吗?爷爷喝酒写诗交朋友,不也众乐乐、乐陶陶吗?爷爷行善于乡里,做好事不求名,追慕古之隐者,不也深受眉山百姓的爱戴吗?

自从爷爷去世后,父亲回眉山就很少出远门了。那一年,苏轼十二岁。此后五六年,父亲对他和子由十分严格。晚年在儋州,苏东坡梦回眉山,却在梦中被父亲逼着背书,惊醒了,写下一首《夜梦》:"夜梦嬉游童子如,父师检责惊走书。计功当毕《春秋》余,今乃始及桓庄初。怛然悸寤心

143

不舒,起坐有如挂钩鱼。"梦里嬉戏正欢,父亲忽来检查,奈何只背了几页书,顿时心不舒,人如挂钩鱼。苏东坡就像贾宝玉……

苏洵屡考不中,心里是憋着火的。他尽量不对儿子发火,但有时候脸色不好看。情绪的控制并不容易。

苏轼十八岁了,娶妻、赶考是两件大事,当爹的要做主。这也是人之常情,不过分。而苏轼跟爷爷朝夕相处许多年,爷爷"性简易,无威仪",学老庄无为而为,"治道清静",家里不搞一言堂,凡大事,尊重大家的意见,包括孙子辈的想法。苏东坡闲云野鹤般的生存姿态,得益于长期的自由自在,异日他在朝廷写诗:"我坐华堂上,不改麋鹿姿。"

如果苏东坡两三岁就受到严父的管束,那么他的性格会变得拘谨,甚至怯懦胆小。

中国古代的文化巨人,在成长过程中,严父形象的缺席是比较普遍的,孔子、庄子、诸葛亮、王羲之、陶渊明、杜甫、欧阳修都是早年丧父。苏东坡早年对父亲的印象不深。

父亲的严格,拿捏分寸颇不易。今日犹如此。虎妈又来施压。由于今天的小孩子多有逆反期,做父母的,比古代近代更难。而逆反的源头是形形色色的压抑。

学校是另一个压力源,中小学生受大书包的持续压迫,必将在未来漫长的时光中以各种方式反弹,持续纠缠自己也纠缠身边的人。

两大压力源旷日持久,孩子们如何扛?今天的宝贝们,却显然是可怜的弱势群体。中学六年,连充足的睡眠都很难保证。如果连身体都输了,如何赢在所谓起跑线?

苏东坡直到十二岁,几乎没有压抑,天性的释放很充分,天才的诸多潜质有脱颖而出之势。父亲回来了,父子三人在南轩读书,时有讨论,但激烈的争论不多。——没有相关记载。

父亲高谈阔论时,兄弟二人大抵沉默。

科场失败的父亲总是需要证明自己……

男大当婚,而苏轼不想结婚。"父兄迫以婚宦",他想逃窜山林。这个自主性很强的小伙子,这个"甚野"的眉山后生,跑到五十里外的一座三清道观,跟冲虚道长谈了半天,相见恨晚。老庄的学说是非常吸引人的,道士们的生活令人羡慕。冲虚道长劝苏轼留下,苏轼答应了。宋代,出家当和尚、进山做道士并不容易,因为可免赋税徭役。寺庙和道观是属于官府的。

黄昏时分,山林中的苏轼犹豫了。他觉得,做道士这件事情他还没有想清楚。他这一走了之,母亲和弟弟一定很着急。他向冲虚道长告辞,下山了。

为他人的处境考虑,乃是优秀者的共同特征。儒家强调"推己及人"。

小伙子大步流星踏月而行,穿过坟堆堆浑无惧色。"野渡无人舟自横。"走夜路的感觉真好啊,轻微的恐惧刺激着想象，向天而歌，对月长吟，豪情直干暮云，就像亲爱的爷爷。他箕踞，向浩瀚的夜空跷起了二郎腿。恐惧感随夜风飘走了。英俊的小伙子想象自己未来的生活，有点犯迷糊。他能选择吗？不知道，悬。也许父兄是对的，但是何必强迫他。父兄的言语不好听，真不想听。父亲跟他交流的方式可不像爷爷。

哦，爷爷……少年郎望断地平线。惆怅。

人生大事，好说好商量嘛，何必一味搞"父为子纲"。

苏东坡对理学的反感，很可能起于少年时代。爷爷鄙视董仲舒搞的那一套"三纲五常"。

小伙子回家已是半夜三更，弟弟迎上来，悄声对哥哥说："父亲还没睡呢，在书房。"

苏轼进南轩，垂手侍立，等候发落。苏洵板着脸来回走。

苏洵冷冷地说："你长本事了，居然敢离家出走。不结婚，不考进士，你想做什么？"

苏轼实话实说："儿子尚未考虑周全。"

苏洵质问："你考虑还是我考虑？"

儿子不作声了。

父亲讲了一番大道理，"书中自有黄金屋"之类，儿子硬着头皮听。

父亲提高了嗓门："父母之命媒妁之言，从古到今都是如此！"

苏轼开口："孩儿只听见父亲之命。"

苏洵斥道:"我的意思就是你母亲的意思!"

儿子又不言语了。苏辙在窗外,不敢进屋。

程夫人进书房,试图把丈夫劝走。

苏洵命令儿子:"你必须结婚,必须考进士!先婚后宦,蜀中定例!"

苏轼忍不住了,喊道:"爷爷的灵位在祠堂,爷爷必定不会强迫他的孙子!我已经十八岁了,我有我的想法!我从八岁起就有我自己的想法……"

苏洵火冒三丈:"你竟敢拿你爷爷来压我,反了你!"

苏轼高声道:"爷爷不曾压迫爹爹,爹爹却来压制我!"

父子二人针尖对麦芒。程夫人好说歹说,把丈夫劝到了卧室。

次日,程夫人对苏轼轻言细语:"青神县的王方是你父亲的故交,是一位受人尊敬的乡贡进士,家境也不错。王方的女儿王弗,今年十五岁,我去青神打听过,一个水灵灵的好姑娘,识文字,懂礼貌,是个孝顺孩子,女红尤其出色。媒婆并没有添枝加叶。"

程夫人拿出一方手帕,有金线绣的两只小鸟。

程夫人说:"轼儿,看看这做工……"

苏轼被手帕吸引住了。纤手飞针走线。

程夫人问:"你是不是有心仪的姑娘?如果有,我和你父亲再斟酌。青神县那边只是提亲。"

苏轼盯着手帕看,少顷,对母亲摇了摇头。

程夫人笑了笑,拍拍儿子的宽肩膀。有些事,做母亲的不会主动提起。

　　好妈妈都是知道分寸的。

　　母子间的默契是宝贵的。

邻家有女墙头晃

苏轼长到十七八岁，出落得一表人才。他是那种体形瘦削的男子，眼睛细长，鼻子直挺，颧骨略高。他走路的姿势很像祖父苏序，像一阵风似的刮来刮去，须臾间从下西街刮到大东街，又刮到大南街。他箕踞于闹市，盘腿于河边。他喜欢笑并且笑声富于感染力，不笑时则常常沉思。说话当然是眉山口音，只是书读多了，词汇丰富，土语就用得恰到好处。

青春萌动的苏轼，夜里也曾有过一回类似"艳遇"的经历。他足不出户，而女孩子自动送上门来。据宋人笔记（参见《苏东坡轶事汇编·能改斋漫录》），事情的原委是这样的：苏轼有挑灯夜读的习惯，当时读书是要读出声的。如果念的是韵文，听上去就像唱歌。苏轼嗓音不错，又长得像模像样，吸引邻家女郎真是不足为奇。苏轼夜夜读，女郎夜夜听。隔墙听着不过瘾，她索性爬到墙上。顺便提一句，她是个富家女，是娇宠惯了、凡事由着性子来的那种漂亮少女。她骑到墙上，听书也观人。苏轼读着读着摇晃起来，她也跟着摇晃。由于忘情，她摇晃得厉害，一个跟头栽下来也是可能的。时为深秋，梧桐的叶子掉了，一弯新月挂于疏桐之上。夜深人静了,苏轼抛书打哈欠,步入院子。有个人影在墙头,一晃就不见了。人耶?苏轼揉揉眼睛。依稀是个女子。苏轼细听动静,除了风吹竹叶,再无别的声音。大约是出现幻觉了,读书读出女孩子的身影,倒是一桩稀奇事。他回房歇了。第二天此景重现,他就留了一份心。

到第三天,那骑墙的女郎又觉得不过瘾了。她潜至"南轩"书窗下。不过她的任性也到此为止,并不敢敲窗入室。苏轼察觉了,开门出去。女郎一惊之下拔腿便走。苏轼站着未动,只"喂"了一声。他可无意惊吓她。女郎闻声扭头,两人的视线终于相碰了。借着月光,苏轼认出是邻家的女儿。

对这位富家女,苏轼平素有无好感,不得而知。他邀请她进屋,大约是真的:女郎一片痴情,总不能让人家老是待在墙上吧。两人谈些什么,同样不得而知,这类细节问题,做历史研究的学者们永远叹息。后来女郎又来过几次,她越墙而来又越墙而去,身形缥缈,具有诗意。可她终于不来了:她以身相许,"苏轼不纳"。苏轼为何不纳?因为他在儒家文化的氛围中长大,懂得"发乎情而止乎礼"。婚姻大事要由父母来做主。不过,苏轼安慰富家女说,等他功成名就之后,一定回眉山迎娶新娘。

新娘将是谁呢?

此后的夜晚苏轼照样读书,富家女开始咬芳唇约束自己,不复盛装去爬墙。她玉立在月下倾听,抱着情思躺到床上编织梦想。

苏轼掩卷出南轩,知道邻家女儿在墙那边……

程夫人循循善诱

程夫人听儿子讲了故事，笑着说："吾儿天性善良，这么对待邻家女，很好。你对她有没有某种特别的心思？"

苏轼摇摇头："她活泼可爱，也粗知文字，但是她在墙头晃。"

程夫人曰："墙头晃不好吗？"

苏轼笑曰："任性近于刁蛮，她家富，家风未必好。再者，婚姻大事，儿子岂敢擅自做主。"

程夫人曰："当初你二伯父考上进士，你爷爷很高兴，是吧？"

苏轼曰："爷爷对我说过，他为二伯父感到骄傲。"

程夫人曰："你父亲屡考不第，郁郁寡欢，归眉山，六年寒窗奋斗，你知否？"

苏轼曰："儿子未能体察仔细。"

程夫人轻轻叹一口气："你父亲年近半百了……"

这一天傍晚，苏轼在西城墙上散步，十八岁的年轻人有所思。

夫妻夜话

深夜室内一盏灯，室外有月光，洒在五亩园，竹影横斜青石板。苏洵抚雷琴，琴音有点乱，老泉停弦望寒月，良久不语。

程夫人对苏洵说："轼儿一时冲动跑出去，当天就回来了。今日聊了一会儿，有省悟。"

苏洵问："两件事他都答应了？"

程夫人答："松动了。轼儿饱读诗书，犟不到哪里去。"

苏洵的表情也有所松动。

程夫人说："咱们为轼儿考虑婚事，也是为了约束他的犟脾气。"

苏洵说："是啊，免得他心猿意马，像我一样。"

程夫人说："咱们选个日子，把聘礼送到青神去，把婚期定下来。"

苏洵笑道："这婚期一定，轼儿的心也定了。"

程夫人微笑，曰："轼儿成了家，辙儿的婚事也可以议一议了。"

次日早晨苏洵抚雷琴，琴音透着舒畅。

苏轼隔墙听琴。

王弗

眉州属地青神县,小城里的小南街,有女名王弗。苏轼十八岁的这一年,王弗十五岁。

王弗是个什么样的女孩儿呢?得先说青神县。

青神是古蜀国的开国之君蚕丛氏的故乡,土地肥沃,农耕文明发达。青神有座万木掩映的中岩寺,还有个名动百里的小三峡,青年李白畅游眉州时,为小三峡写过一首诗:"峨眉山月半轮秋,影入平羌江水流。夜发清溪向三峡,思君不见下渝州。"

岷江过青神流向嘉州(今乐山市)的这一段,称平羌江。渝州指重庆。

青神风光好,女人水色好。川西坝子的男人,说女人肤色好时,一般不说肤色而说水色,至今不变。曹雪芹名言:"女儿都是水做的。"

蜀中长大的男人,把漂亮女孩儿与湖光水色相连,是千百年的老习惯了。

苏家自从出了一个进士苏涣,显然门第又看涨。眉山的几户进士之家,通过联姻抱成团。王方有慧眼,看中了苏子瞻。双方的父母提亲时，王弗刚满十五岁。她生得面目姣好，肤色尤佳，白酥酥的，红扑扑的，眼睛又黑又亮。不过她是青神小南街出了名的害羞姑娘，与人说话，常常在开启红唇的同时垂下她的眼睑。她有一大群堂姐、表妹。

宋仁宗至和元年(1054)暮春的一天，王弗在姐妹们的怂恿下远走六十里，到眉州赶场、看戏，并在亲戚家住上一夜，第二天再坐船返回青神。当然，她远足到眉山去，是经过父母同意的。此行的目的，其实是要看苏轼。远远瞄一眼也是好的。

姑娘们天不亮就上路了，有个不善言辞的魁伟表叔护路。五更驱车出城门，天明相携上渡船，过春江，撩春水，徒步登岸，喝一大瓢古榕树下的老鹰茶，抹抹红唇儿，出口大气儿，那个爽！红红的日头从东边升上来时，她们已走了一半的路程，沿玻璃江再逆行三十里，午后可到州府所在地：眉山城。

三十里沙土路，一边是哗哗的春江，另一边是怒放的春花。蓝天透明，麦苗儿青青，云霄中的峨眉山万佛顶遥遥在目。

乐山大佛，峨眉万佛，祥云之下有沃土。眉州四县三百里，笼罩着神的光辉。

青神姑娘们衣饰鲜亮。路边野花都要采。她们说着眉山的大戏台，眉山的高城墙，眉山的下西街纱縠行……有两个女孩儿是头一回去眉山呢，兴奋得要蹦要跳。一个"赶路"的小女孩儿才五岁多，名叫王闰之。她们喧闹着，蹦跳着，路边野花采又采。

王弗一路上话不多,只朝着远方微笑。明媚的春光照着她青春的脸庞。一个穿紫衣裳的姑娘说:"我去年见过苏轼,他骑马走过瑞草桥,大概去中岩寺读书吧。"

另一个姑娘忙问:"苏轼长啥样?"

紫衣姑娘拿一只眼瞅着王弗说:"高鼻梁,长形脸,额头宽宽的,个头高高的。哎哟喂我的妈,青神也有美少年,可是依我看哪,无人能比苏轼!"

王弗扭头望一边,脸比春花红,心中的欢畅胜过春江水。她凝望刚才走过来的那条沙土路,仿佛看见了花轿,听见送亲的队伍吹吹打打。母亲曾透露,她和苏轼的婚礼大约是五月十五大端阳……

四川西南部有两个县,以美妇多而著称,一是嘉州的犍为县,二是眉州的青神县。王弗并不是青神境内最漂亮的女孩儿,不过她许配给苏轼,在人们心目中的形象会发生变化。

下午抵达眉山城,由紫衣姑娘率领着,赶着天光,径直去了城西的纱縠行。那三个招牌大字是已经过世的苏老爷子苏序题写的,墨色浓,气势足。王弗躲在街对面的小巷里,她不能过去的,因为未来的公公苏洵到青神时见过她,还吃过她下厨房做的清炖江团鱼。

几个姑娘在苏家布庄的柜台前挑选着布料,看了又看,挑了又挑。一个微胖的妇人在柜台后面忙不过来,踮脚拿布匹,躬身取成衣,很耐烦的模样,浅浅笑着,顾客指东她就向东，顾客问啥她就说啥，不发一句怨言。王弗想：莫非她就是未来的婆婆程夫人？

紫衣姑娘跑过街，悄悄告诉她："那妇人是苏家的乳母任采莲。"

紫衣姑娘跑回去了，王弗等她传消息。

三丈宽的街上车来人往，骑马的、赶牛的、戴帽的或是秃头的……王弗直盯着布庄。一字儿排开的布庄紧挨着苏家大门，门上的朱漆有些剥落。门虚掩着。门外三级台阶，并无两尊石狮子。一位穿戴整齐的中年妇人出现在布庄，和王弗的女伴们笑着说话。那笑容，真是说不出的慈祥！

王弗双手捂心，道声阿弥陀佛。

那雍容和蔼的妇人多半就是程夫人了。婆婆和蔼可亲，王弗最是称心。

那么，苏轼他、他在哪儿呢？

大门里的房子、院子清晰可见。竹子真多！野鸟数不清！有个后生正蹲在地上栽树苗，好像是栽松树。他用右手背擦汗时抬起头来，刚好是冲着王弗这边的。宽额头、长形脸、高鼻梁……王弗认准了，那挥汗栽种松树的英俊后生就是苏轼！

她有点晕，伸手扶住巷口的青砖墙。

青神少女王弗，眉山后生苏轼，从这一刻起，名字和命运都连为一体了。

这一天的午后，任凭女伴们在苏家柜台前、眉山大街上笑哇闹哇，王弗只是默默，眼角眉梢全是笑意，水色荡起层层涟漪……小堂妹王闰之不晓事，一度跑到苏家院子里去了。任采莲请她吃了一块糯米做的叶儿粑。在眉山，吃粑是很诱人的。各种各样的粑，这叶儿粑除了猪肉馅儿喷喷香之外，更有绿叶包裹的可口清香。

小轩窗，正梳妆

这一年仲夏，十六岁的王弗嫁给了十九岁的苏轼。

有趣的是，他们成婚后的第二年，十七岁的苏辙和眉山史家的姑娘成亲了。史姑娘生得健美，与身长八尺的苏辙颇般配。苏洵让两个儿子在家乡成亲，自有深谋远虑：将来苏轼、苏辙远赴汴京求取功名时，不必再牵挂婚姻大事。苏洵的这个决定，程夫人很是认可。夫妇俩这些年，闹别扭少了，彼此的认同、默契多了。

娇羞的王弗嫁给挺拔的苏轼，小日子"抿抿甜"（眉山土话，含糖于齿舌间的那种细腻味觉）。闺中少女所有的幻想都落到了实处。苏轼真是没得挑呢，无论是相貌、性格还是学问。他在南轩读书，通常一坐就是几个时辰。与苏辙谈古论今时，他的声音，他的笑语，王弗隔着几间屋子都听得见。

苏东坡《上韩太尉书》："自七八岁知读书，及壮大，不能晓习时事，独好观前世盛衰之迹，与其一时风俗之变。自三代以来，颇能论著。"小城信息闭塞，不知时事，于是向书本发力，向历史发力。

二十岁左右，苏东坡形成了思维穿透力。后来数十年持续发力。

古今好作家，无非具备两种力：穿透力、表现力。

萨弗兰斯基名言："回到历史是为了获得一段助跑，以跃入当下。"

苏家的南轩是相通的两间大书房，苏洵用一间，苏轼、苏辙共用一间。苏家三父子，常常为一些学术问题争论得面红耳赤，从书桌旁争到饭桌旁，有时程夫人也会发表几句她的意见。这眉山城西的一家子，真是举家向学呢，书本面前又一律平等，不以父为尊，不以子为贱。王弗和史氏很快就融入其中了，闲时手中总有书卷。

王弗的小轩窗斜对着苏轼的书窗，她每日对镜梳妆，总要瞅瞅院子对面的丈夫。丈夫婚前从不睡懒觉，婚后也没有养成贪恋床笫的习惯，晨光初露，他就悄悄离开了温香留人的被窝，到南轩"默诵"或抄书，等父母都起床了，他才开始朗声诵读。

王弗毕竟才十六岁，新婚燕尔，两情相悦，她也希望丈夫瞧瞧她呢。小轩窗镶嵌着她的头，她白里透红的脸，她歪着脑袋梳理乌黑头发的俏模样。她多么希望夫君的目光从书卷上挪开啊，瞥她一眼也好。及至苏轼真的抬头，冲她笑笑，她的心花和容颜之花就一齐绽开了。

院里的井台(今日眉山三苏祠犹存)、竹子和挂满枝头的红红的荔枝，物性通人性，分享着苏轼与王弗新婚的美好。相同的微笑，也出现在更为年轻的苏辙夫妇之间。

三苏之家,其乐融融。

家风,首先是家里的和风。三苏家风两个字:仁、孝。

《论语》:"仁者爱人。"

孝道传家,不出败家子。

大江东去，浪淘尽……

夏秋两季的下午，苏轼常与堂兄苏不危一起去岷江游泳，从东门外的"王家渡"下水，一直游到"马家渡"，拍浪击水数十里。他选择风疾浪高的七月横渡浩瀚的岷江。王弗坐渔舟随他漂流，也在江边的古榕树下为他守衣裳。有一天，苏轼从岷江对岸独自往回游时，天色忽然大暗，暴雨如注，雷鸣电闪。苏轼正游到江心，波涛和雨雾将他的身形淹没。王弗吓慌了，高声呼喊他，喊声被一个个雷声阻断。她吓哭了，不停地在岸边奔跑。过了好一会儿，苏轼的那颗头才出现在下游三百多尺的江面上，他的双臂交叉挥动着，身子在水雾与波浪间忽隐忽现。王弗朝他奔去。因水流比平时湍急，苏轼游上岸又费力不少。他喘息方罢，笑着对王弗说："今日领教了大江的气魄！"

翌日，苏轼早起读书如常。他对弟弟描述在雷雨中横渡岷江的感觉："那波浪连山而来，那暴雨排空倾下，那闪电撕裂天地，那炸雷轰天巨响……"苏辙听得直发愣。浩渺的岷江之中，每年七八月都要淹死人的。

苏轼说："我也不是故意冒险，碰上了，玩玩那咆哮的江神、怒吼的雷神。"

苏辙说："哥哥有豪气，小弟可不敢。"

苏辙从小就趋于安静，攀树爬墙跳水那些小孩子的顽皮事儿，他一般不参与，只是从旁观看。苏轼童年时，"狂走从人觅梨栗"，他爬树摘梨子或寻板栗，也不问树是谁家的，摘了果子便吃。"健如黄犊不可恃，隙过白驹那暇惜。"他玩起来是不管不顾的，身上显然有祖父和父亲的那股子野性。而苏辙比较守规矩，一般只吃买来的水果。

青年苏辙身高八尺，约一米八的个头，身子单薄，面容沉静。苏轼健壮而挺拔，个头约一米七五。当代苏学专家王水照先生，考证过苏轼的身高。

苏轼漫步于狂风暴雨中

苏轼淋过了一次暴雨之后,似乎淋雨上瘾,八月里几次下"偏东雨",大风刮得老树弯腰,街上行人乱跑,苏轼却从家中走了出来,木屐踏着青石板,悠然漫步于豪雨中,享受那份在密集的雨点中窒息的感觉。他走到了西城墙上,远眺峨眉仙山。

王弗不给他送雨伞,只为他熬姜汤……

眉山上了年纪的人当初弄不懂苏序、苏洵,现在他们又对苏轼感到好奇了,说:"苏子瞻爱淋坝坝雨,淋成了落汤鸡。他居然不生病,怪!"

偏东雨、坝坝雨、生雨,是蜀人常用词。

王弗心想:"子瞻并非去淋雨,他是在养气哩。亚圣孟子讲过,吾善养吾浩然之气……"

苏家几代人都崇拜孟子。城里的文庙有苏序捐的亚圣小雕像。

蜀中九月天凉了,十月中旬起霜冻,飘起了雨夹雪。苏轼穿深衣戴斗笠,骑驴去江边垂钓,茫茫大江,一笠一竿,他体验着唐人"独钓寒江雪"的意境。

王弗又想:"子瞻读书重感受哩,他呀,他啥都想去试试!"

大江大河去弄潮,意志力与灵动性俱生焉。

年轻的苏轼感受着周遭世界,世界就始终"世界着"。而王弗细致入微地感受着夫君。苏轼读书,有所谓"八面受敌法",他善于提取书中蕴含的各种能量。"观其大略"如诸葛亮。好读书亦求"甚解",小异东晋的陶渊明。

苏轼下笔写文章,有"天风海雨逼人"的态势。

生活中处处有灵动……十九岁的苏轼,与王弗的新婚如此美好,没有一点消磨意志的迹象。他活得很明确:必须考上进士,方能大展宏图。这叫"奋厉有当世志"。十六岁的王弗真是很欣慰呢,她有时忍不住悄悄想:"子瞻他……他有缺点吗?"

王弗崇拜着自己的丈夫,同时睁大眼睛,想发现丈夫的一些不足。比如,丈夫总是口无遮拦,有时对人言语刻薄。苏家长辈如果行事欠妥,丈夫从来不沉默。连做了州官的二伯苏涣都有点怕他。王弗开口规劝时,苏轼说:"猫狗都要表达,生而为人,怎能遇事变成哑巴?!"

王弗劝不动丈夫,转而从公公的《名二子说》中寻找证据。苏洵这篇短文,专门阐释两个儿子的名字,评价苏轼他是这么说的:"轼乎,吾惧汝之不外饰也。"岂料苏轼闻言大笑,对王弗说:"知子莫如父矣,不外饰正好,符合圣诫,君子坦荡荡嘛。"

史氏

史家在眉山属于大姓。苏序的夫人姓史,苏辙的妻子史氏可能出自祖母一门,相关记载少。后来,史氏生了三个男孩儿和七个女儿。苏辙家人丁兴旺,四代同堂时当有数十口。元祐年间在汴京,苏轼、苏辙俱显,"内翰外相",两家人又住得近,加起来五六十口人,相处和谐,趣事多多。妯娌之间没有大的矛盾。苏轼、苏辙罩着家庭大局。

长辈不自私,小辈一般说来都是好的。长辈能修身,庶几能齐家。

大家庭长期和谐的例子并不太多,而苏氏兄弟屡遭贬,生活落差大,困顿时也未见吵吵闹闹。二苏能处富贵,也能安贫贱。什么原因呢?书香之家的家风,注定影响长远。

苏东坡五十九岁贬谪岭南惠州,惠州缺药,东坡种药。

东坡先生说:"无病而多蓄药,不饮而多酿酒。"一些人并不理解他,"劳己以为人",这是何苦呢?瞧病又不收钱,请人喝家酿还得弄几个菜,这不是找事瞎忙活吗?东坡回答,他干这些事专为他自己:"病者得药,吾为之体轻;饮者困于酒,吾为之酣适,盖专以自为也。"

赵朴初先生赞美雷锋："为善不辞心力，为学只争朝夕。多少英雄山岳立，向雷锋学习。"

中华民族大家庭是非常需要抱团的，苏东坡的价值，首先是他一以贯之的利他主义，其次才是他的生命张力。理解这个"活在当下"的古人，这一点须细思量。

惠州多水系，少桥梁，东江、西江汇流于惠阳城，丰湖蓄不住，冲垮多处简易浮桥，年年淹死者数以百计。詹范是好官，却也莫奈何。苏东坡从归善县嘉祐寺搬回了合江楼，夜夜听江声，心里恒不安。

江水淹死人的事他时有所闻，心情一直沉重，常失眠，朝云在侧每每垂泪。

没办法，造桥是大工程。苏东坡拄杖立于江边，觉得自己没用处。江水浩荡冲击着堤岸，美政冲动撞击着自惭乃至内疚的苏轼。这个"罪臣"开始想办法。先捐出高太后赐予他的一条犀带，然后写信要弟弟帮忙。子由谋诸妇，史夫人很慷慨，拿出若干珍藏多年的御赐之物，变卖为金银，派人从子由谪居的雷州送到惠州。

史氏不犹豫，慷慨出千金。要知道，皇家赐予的那些宝贝，那种荣耀，她曾考虑世世代代传下去。苏辙尝言："不妨选几样留下吧。"

史氏说："造桥救人，胜于家藏宝物。"

苏家的子孙们记住了……

苏东坡闻之，大喜语人："我这兄弟媳妇识大体啊，真不简单，虽古之贤妇不及也！"

惠州的东新桥、西新桥，于绍圣二年秋同时动工。太守詹范全力支持，道士邓守安主其事。次年六月，二桥俱成。造桥的方法，是以四十条船连为二十舫，覆以坚如铁石的石盐木板，铁锁石碇，随潮涨落，过江的人如行平地。苏轼《两桥诗·东新桥》："岂知涛澜上，安若堂与闺。往来无晨夜，醉病休扶携。"醉汉、病人过桥，不需要旁人搀扶。

夏秋江水浩大时，桥上市民如织，"舫桥"坚固，可以支撑百年。

江岸上万人观新桥，苏东坡在合江楼睡觉。《论语》："仁者爱人。"

仁者的心终于放妥帖了，可以睡它几天几夜了。一梦醒来听江声，觉得江声好听极了。

居雷州的史夫人合掌念佛……

惠州二桥，史氏有功。

"三日饮不散,杀尽西村鸡"

惠州的两座新桥,当地人亲切地呼为"苏公堤"。《舆地纪胜·惠州》:"苏公堤,在丰湖之左岸。绍圣间,东坡出上所赐金钱筑焉。"六月桥成,修桥的人不见了。惠州人全城打听,原来修桥人在合江楼睡觉。那就不打搅他吧,让他美美地睡个够。一个无权无钱的外地人,竟然在惠州建了两座大桥。这是菩萨来到了人世间啊。

一日午后,坡仙下楼,发现楼外密密麻麻全是百姓,莫非出了什么事?

吏民纷纷说:"昨日看新桥,今日专看苏东坡!"

东坡先生笑道:"东坡有啥好看的?十年前可能值得一看。"

妇女们姑娘家齐声喊:"天下好美男,莫如苏子瞻!"

这一喊就没个完,东江、西江与丰湖,昼夜起波澜。谁的嗓门最高?青春活泼的温超超。

苏东坡有点怵人多,想溜走,却哪里跑得掉?父老乡亲围住他,捉住他,抬起他,抛起他,接住他的七尺身,再抛。他悬在空中想什么呢?这个屡遭朝廷戏弄的提线木偶,这一尊即使遭贬也要造福一方的活菩萨。估计他啥都不想，只享受起落，垂直落体，东坡居士入了化境也。

惠州人都知道东坡先生爱吃鸡，于是捉光了西村鸡，狂欢三天三夜。

苏轼《两桥诗·西新桥》："父老喜云集，箪壶无空携。三日饮不散，杀尽西村鸡。"

瞅着满地的鸡毛，东坡居士又心生怜悯，为杀了这么多的鸡感到难过。他找到了一句安慰自己的话："世无不杀之鸡。"

惠人相顾曰："岭南苏东坡，是个搞笑天。"

史氏在雷州听说了，喜曰："东坡先生之功，惠州百姓之福矣！"

苏辙笑道："夫人捐宝物，惠州造两桥。宝有善用才是宝也。"

史氏转而寻思曰："夫兄爱吃上火的公鸡，这习惯不大好，惠州荔枝又多，更上火。一颗荔枝三把火啊！"

苏辙点头："我写信再劝他几句。当年哥哥在黄州卧病数月，就是因为病酒，吃公鸡上火。"

弟弟写信，劝哥哥吃母鸡。可是弟弟已经劝过若干次了。

苏东坡在惠州犯痔疮，自云："百日呻吟，百药无效。"

苏辙远在雷州干着急，只对夫人叫苦。

史氏曰："早年在眉山，夫兄就是好吃嘴，哪管食物上火不上火啊。年轻扛得住，年纪大了可不行。我们得想想办法。"

史氏在夫君的贬谪地种菜喂鸡,主要喂母鸡,托人送到惠州去。当年的副宰相夫人,如今像个寻常村妇,挽起短衣袖子忙这忙那的,毫不在乎。

苏辙不禁回忆往事,说起史夫人在眉山有了头一胎,嫂子王弗喂母鸡、炖母鸡,喂史氏喝鸡汤……

妯娌

公元1055年,苏辙的妻子史氏在眉山怀孕了。她比王弗还小几个月,入冬后妊娠反应明显,时常呕吐。程夫人和任采莲要照顾布庄的生意,王弗便去照顾史氏。妯娌携手散步,晒晒冬日暖阳,闲话苏轼、苏辙两兄弟,有说不完的话题。

史氏说:"姐姐喂了那么多母鸡,炖鸡汤一匙匙地喂我,妹妹我……"

史氏感动了,眼睛有点红。

王弗握紧她的手:"一家人不说两家话。只怕你喝腻了鸡汤,下次我加一些别样药材。"

史氏说:"难为姐姐这么疼我。"

王弗笑道:"我不疼你,疼谁去啊。"

史氏莞尔:"疼你的子瞻。"

王弗说:"他是堂堂七尺男儿,他该疼我才是。"

史氏笑:"他不疼你吗?那一次出门踏青,你崴了脚,他抱着你走了几里地。"

王弗害羞了:"是背我。"

史氏说:"先抱后背,我和子由在后面呢。我叫子由也背我……"

王弗抬起头,望了望太阳。身心俱是暖洋洋。街上的行人瞧着她们俩。

一个十七岁,一个十六岁。王弗生得婀娜,史氏体态健硕。

王弗说:"明年公公带着子瞻、子由进京赶考,要走一千多里路,要过剑门关啊!"

史氏合掌念佛。

王弗说:"婆婆的身体近来不大好,做生意两头见黑,又熬夜做新鞋子、新袜子,太累了。婆婆不容易啊……"

王弗含泪,说不下去了。

史氏叹气:"咱们的婆婆原本是金枝玉叶。眉山程家,几代望族,咱们的婆婆三十年含辛茹苦。明年春……咱家里都是女眷了。"

妯娌二人手挽着手,似乎互相鼓劲。

男人们走了,女人更要团结一心。

此后十年,妯娌就像亲姐妹……

苏轼生冻疮，王弗轻咬夫君的手

眉山冬天冷，早晨一地薄冰，有些凹地池子冰厚一寸。苏轼晨读不生炭火，捏毛笔的那只手生了冻疮，任妈妈心疼，程夫人倒说，轼儿自幼就不是娇生惯养的，冬日冷三九，夏季热三伏，与造化合拍呢。任妈妈便找王弗说这事儿，担心冻疮一年年地生凶了，伤及指头关节，妨碍握笔写字。将来赴汴京应考，写字儿好不好，排在"身、言、书、判"的第三条……

王弗答应着，自己去寻思办法。

次日五更天，苏轼照例摸黑下床，替王弗掖紧被子，悄没声儿地打开房门，走过半亩大的院子，点起青油灯，埋头翻起了书页；又磨墨，拿起当年爷爷奖给他的张武笔，或抄写，或做笔记。

卧室这边的王弗也摸黑下床了，她从屋檐下绕过去，进书房，手持一卷佛经，笑吟吟望着她的子瞻。

苏轼问："你来做啥呢？"

王弗答："我抄佛经哩，新年前后总要抄的。"

苏轼说："这大冷天的，快回房睡觉吧。等太阳出来，你再抄写不迟。"

王弗摇头笑道："青神的习俗，抄佛经要两头见黑哩，早晨天不亮，入夜黑摸门。这才是尊崇我佛呢。"

苏轼点头道："此俗甚好，你就抄吧，只别冻坏了手指头。"

历朝历代，家风与民风是相连的。民风坏了，一家之风难独好。

小夫妻在同一张书案上用功了。烛光照着两张年轻光洁的脸。少顷，南轩的另一间屋子也亮灯了，苏辙在那边念书。少顷，史氏起床梳妆……

此间苏洵外出已多日，盘桓于雅州地面，拜访他几年前在江西认识的官员雷简夫。这雷简夫如今做了雅州太守。苏家三父子将参加乡试，赴汴京应礼部试，苏洵先行展开了人事铺垫……

南轩两盏青油灯，照着三个人。

王弗抄书不时搓手，搓热了，又替苏轼搓，纤手儿捂紧他的大手。隔一阵搓一回，苏轼生有冻疮的右手指头痒起来了，王弗捧到嘴边轻咬。她还说，青神乡下有此一俗，轻咬冻疮活血化瘀。

苏轼笑了，说："咬冻疮真舒服。青神风俗淳厚，人情味儿比眉山还浓，以后我们抽时间多去走走。"

王弗说："十里之外不同俗。眉州地面方圆三百里，风俗恐怕有几百种呢。就连吃饭穿衣走亲戚，都有很多很多的讲究……"

王弗说到这儿，忽然收住舌头。苏轼奇道："接着往下说呀，我听风俗最起劲了。"

王弗回到她的位置上，埋头抄写经卷，一面含嗔说："子瞻，温书吧。"

她端坐着，目不斜视，黑而亮的大眼睛凝视笔端，写下一行娟秀小楷。苏轼蹑手蹑脚走到她身后，看她纤细小字，也看她有香味儿的双肩，她那歪着的妩媚的后脑勺，她伴嗔夫君的俏模样。

院子里的雄鸡叫起来了，邻家的鸡跟着叫："咕咕咕，咯咯咯……"

南轩正对着的东边，现出了一片青蓝色中泛红的晨光。

任采莲、杨金蝉、程夫人及二三家仆相继起床了，屋顶上的烟囱升起了炊烟，院中水井响起打水的咕噜声："扑通扑通扑通……咕咚……"布庄的几十块细长门板逐一取下，店门迎着刚露出地平线的冬阳、街上的少许行人打开。

一日之计在于晨。家风乃是朴素之风，人人都是劳动者。

眉山苏家，平凡的一天开始了。

程夫人睡下又起床

数九寒冬天气,眉山城铺了一层白霜,地上、树上、瓦上、草料场、练武场。入夜下雪了,起风了,城里城外一片白茫茫。苏家园子里的竹子舞着雪花。

程夫人在灯下缝补衣裳。不时拿针头在头发里划一划,用抵针用力抵,咬断棉线,咬不断才用剪刀。丈夫几次催她,她卸衣睡下。丈夫入睡了,她睡不着,躺了一会儿悄悄起床,拿起了针线活。

再过一些日子,三苏父子将远行。

接连好多天,累了一天的程夫人睡下又起床,不烧炭火,以免弄出声响。

一个母亲的心劲,什么样的计算机能够测量?

中国民间隐而不彰的伟大母亲比星星还多……

笔者写这些,心里翻波涌浪。我想念我早逝的妈妈。

"为行者计，则害居者"

宋仁宗嘉祐元年(1056)春，三苏父子即将启程赴汴京，卖了石佛镇的田产，用作远行的盘缠。程夫人含笑打点行李，背过身抹眼泪。苏轼的妻子王弗，身子比较弱，嫁过来两年多未见身孕。苏辙的妻子史氏已生一子。家中两个乳娘，任采莲和杨金蝉。男人们都要远走，妇孺留下。家里的热闹气氛是程夫人营造出来的，亲朋好友来祝贺。一连几天，客人不断，笑语连连。程夫人说，她能撑起眉山苏家。来访者若是不问，程夫人不会说这些。

这许多年，她起早贪黑做生意，支撑这个开销不小的家。丈夫并不挣钱，生计靠田租。如今田产卖了，田租也断了。三苏父子到了汴京，还要费银子。全家人的生活重担压在程夫人肩上。担子很沉很沉，须臾卸不掉，喘口气都不行。程夫人又不回娘家拿钱，三十年，一文都不拿。她自己挣，再苦再累不吭声。司马光讲了这个珍贵细节。这细节，最能体现程夫人的长期隐忍。

笔者重复：中国古代，近现代，程夫人这样的具有忘我精神的女性不计其数。这是支撑一个民族的隐形伟力。

苏轼二十一岁，不大懂生计。程夫人身子不好，却瞒着两个儿子。瞒不过的是她当年带到苏家的侍女任采莲。任采莲做苏轼的乳娘，显然有过孩子，但史料不见记载。

薄暮时分，这位乳娘跑到城墙下的小树林跪着哭泣，头埋进泥土……在家里，她为一件小事大哭。家人有些莫名其妙。唯有程夫人知道她为何大哭。

连日的热闹光景中，伏着无尽的忧伤。

苏洵黯然写道："一门之中，行者三人，而居者尚十数口。为行者计，则害居者；为居者计，则不能行。"

行者害居者。没法子。程夫人压力最大，可她总是微笑着，她里里外外微笑着……

苏轼直觉好，他在欢乐气氛中嗅到了某种忧伤。只几天，程夫人的头发白了一半。可怜白发掩不住。苏轼终于注意到，母亲的手腕不见了镯子，不见鲜亮的指甲蔻丹，只有双手老茧，双手老茧。母亲曾经光滑如玉的手，无数次抚摩苏轼的小时候……走了，走了。三匹马出眉山城的西郊，苏轼忽然回首，看见母亲隐忍的泪花和她飘起的白发。母子相望一刹那。

次年四月八日，操劳过度的程夫人病逝于眉山，年仅四十八岁。

程夫人并不知道她的轼儿、辙儿已经名震京师。这是苏东坡一辈子的痛。

家风，也是怀念之长风啊。一代望一代，一代代望下去。

苏轼、苏辙初出川

三苏父子陆路出川，过李白的故乡绵州，逗留嘉陵江畔的阆中城，再登终南山，踏上褒斜谷曲折而高悬的古栈道。"古道西风瘦马。"三匹眉山马，登秦岭，走长安，累死于中途。老苏急性子，不大惜马匹，于是换成驴子继续前进，怀揣张方平、雷简夫的两封介绍信。

旷野大雨忽倾盆，道路泥泞而漫长，前不巴村，后不着店。老苏将包裹紧紧地抱在怀里。跌倒泥水中，头先抢地。介绍信和性命一样珍贵。家族的前途，系于进京的长途。

秦川八百里，司马迁誉为"天府之国"。夜宿鸡毛小店，一灯如豆。苏轼一个人走出去，夜色稠啊，伸手不见五指。浓稠的黑夜似乎可以抓在手里。摸黑，抓夜。有时候月亮大如轮，"小时不识月，呼作白玉盘。又疑瑶台镜……"苏轼激动得在月光下的草地上打滚，无边青草宛如铺了一层轻纱。"举头望明月，低头思故乡。"人在无边野地，把野性尝个饱。

苏辙伫立于鸡毛小店柴门前，恒等哥哥。如此情与景，真是画图难描。

孝与悌，乃是苏家几代人的传统。《族谱后录》引苏序语："吾父杲最好善，事父母极于孝，与兄弟笃于爱，与朋友笃于信，乡间之人无亲疏皆爱敬之。"

由此可见，苏杲、苏序，都是乡里爱戴的人。苏家至少五代人，以仁、孝传家。

仁，善待他人；孝，维系家庭。

道路的有限畅通，维系了生活意蕴的无限生成

春花烂漫时，三苏父子还在路上。从眉山到汴京走了两个多月，两千里路，平均日行三十余里。有趣的地方就待上三五天，访古寻幽览胜，探风俗，拜古刹，识异人，尝美味，阅山川。惊奇造化之伟力，日复一日。苏东坡一生长足于道路，何止十万里。

隔山不同俗，过河不同音。道路的有限畅通，维系了生活意蕴的无限生成。

中国古代诗人作诗为什么写得好？美感在差异中蓬勃生长。太阳每天都是新太阳。

诗人们几乎都是官员，官员在全国范围内调动。陆游说："一官万里。"

苏东坡一生"半中国"，寸寸抚摩山河大地。

书卷激活了美感。漫漫长途几卷书，乃是双重的激活。

今日旅游者，应该是漫游者。

走马观花，意思不大。

"独立市桥人不识,万人如海一身藏"

公元1056年夏,三苏父子抵达京师汴梁,碰上连月大雨,蔡河决口,水漫京城。皇皇御街,哪有传说中的车如流水马如龙?却见无数小船争激流。

据考古,御街宽约五十丈,乃是古今全球第一街。朱雀大拱桥下,日日夜夜翻波涌浪。

汴京至少一百五十万人口,超过盛唐的长安。宋代人口近一亿,唐代五千多万人口。宋代的士、农、工、商俱兴旺,生活花样无限多,户外运动五花八门。单是城市节庆日就有七十多个,从年头过到年尾,平均五天一个节庆日。酒楼三千家,"市食"五百多种,汴河两岸万家灯火,河市、早市,绵延三十余里。城,乃是几百年缓慢生长起来的城,生活之意蕴层,层层叠叠。著名的大相国寺可供万人交易。(参见伊永文《宋代市民生活》)

缓慢生长的城,扎扎实实成长的人。每一种娱乐活动都是民间自发,经过了长期的自然淘汰。

自发自主——生活方式的自主性。

在今天,生活方式的自主性太重要了。

自主是自闭的克星。

唐代的坊与市是隔开的,高官不能去市场。宋代坊市相杂,朝廷大臣、三教九流随便走。宋代的女人可以提出离婚。宋代女子的衣饰有一百多款。汴京有几支女子足球队……

乡野后生苏轼与汴京有关系吗?有,他来了,他从西蜀小城来。关系牢靠吗?这可说不准。一人登科,百人落第。黄金榜可不是说着玩的,金榜题名胜过千两黄金。

苏轼在街上胡乱转悠。眉山后生看不够京师繁华,闻不够人间烟火。汴京周长三十余公里,坊市相杂,各色人等熙熙攘攘。骑驴穿城过,要用一整天。租驴的店子随处可见,租金很便宜。那高高的状元楼、潘楼、白矾楼、摘星楼、齐云楼,耸入霄汉。京城的高楼也就十几座。私家园林星罗棋布。市声不绝于耳,轺车(轻便小马车)纷至沓来,名媛贵妇掀帘子打望。

人群中,苏子瞻一声长叹。赋诗云:"独立市桥人不识,万人如海一身藏。"

年轻的苏轼把一身与万人放在一处打量。曹雪芹笔下的贾雨村狂吟明月:"天上一轮才捧出,人间万姓仰头看。"苏轼不会这么张狂,但他出人头地的意志显而易见。

是的,一定要出人头地。否则卷铺盖回眉山,终老于小地方,"幽谷一叟耳"。

忽然间,迎面驶来两乘高轩(豪华马车),丞相富弼和枢密大臣韩琦就在车上。气派啊,庄严啊,连车夫都生得相貌堂堂,马鞭子一甩响彻四方。

苏轼的眼睛,顿时比太白金星还亮。嘀,难怪当年爷爷讲三种光……

刘邦当年在街头看见秦始皇浩浩荡荡的车队,叹曰:"大丈夫当如此矣!"

苏东坡想到刘邦了吗?不清楚,有可能。他手抄八十万字的《汉书》,对那些风云人物了如指掌,尤其是刘邦、张良、韩信、萧何、项羽。

苏轼少年在眉山立志,"奋厉有当世志"。要奋斗,要担当这个世界。

儿童立志未必靠谱,少年的志向,落到实处的可能性大一些。

参拜欧阳修

1056年8月，苏轼考举人得了第二名，苏辙也过关了。

不久，苏洵敲开了欧阳修的朱门。二子中了举，他才去敲门，可见其谨慎。

欧阳修时任翰林侍读学士兼知贡院，科举考试的主考官。全国的考生住满了汴京大大小小的旅舍，都巴望靠近欧阳门。皇城边的欧阳修门第，有八个卫兵持戟肃立。老苏递上名刺和介绍信，门开了。他身后的众考生和家长们羡慕得紧。

欧阳修是何等人物？北宋数一数二的名臣，《新唐书》和《六一诗话》的作者，百科全书式的大学问家，又能醉心于日常生活。大领导表情很丰富，宋代官员，不苟言笑者本不多，板着脸的也少见。大学者大文人纷纷跻身于高层。欧阳修一双病眼，为国家挑选人才。唐宋八大家，有五个出自欧阳门下。欧阳修是韩愈的宋代传人，论学问和生活情趣，犹在韩愈之上。

张方平的推荐信，欧阳修一定要看，为什么？张与欧阳，由于政见不同，早已不往来。张主动写信，欧阳感动了，从此后，二人冰释前嫌。

苏老泉恭呈二十篇精心挑选的文章，其中有《六国论》。欧阳修坐着看，渐渐坐不住了，他站起来走着看。老泉一时紧张，鼻尖冒汗。他并不知道，阅文无数的主考官有个习惯：如果他走着看，则表明文章好。如果他一直坐着读，则会睡着，在椅子上打起鼾来。

汴京市井有一句流行语：考生最怕欧阳修的鼾声。

苏老泉心跳如鼓。欧阳修在家里悠悠散步，走到了书房外，又慢吞吞走回来。

欧阳捋须自语："好你个方平老儿……"

苏老泉紧张得全身汗毛皆竖，鼻尖淌汗如雨。欧阳修先生这半句话是何意？莫非嘲笑张方平眼拙？要知道，张方平比之欧阳修，有如小巫见大巫。

决定命运的时刻啊，苏老泉要晕过去了。

欧阳修转身向苏洵，点头笑道："张侍郎果然好眼力，不减当年啊。"

苏老泉舒出一口长气，默念阿弥陀佛，谢谢西方佛祖。

出了欧阳修的宅第，苏老泉仰天大笑。

为子孙后代,苏洵冲风冒雪真能拼啊

欧阳修挥大笔,写《荐布衣苏洵状》,向朝廷力荐,称苏洵有贾谊之才。重阳节,韩琦设家宴,宴请几位宰执大臣,欧阳修带了苏洵同去赴宴。底层草根,一下子进入顶层的圈子,"好风凭借力,送我上青云"。一夜间,东京士林风传。欧阳修有此举动,也表明北宋阶层不固化。草根庶民进入士的阶层,比例高达百分之六十六,而唐朝仅占百分之十三。

眉山布衣苏老泉,由兴奋转亢奋,于是,问题出来了,基因中固有的东西又开始作怪。他分别上书宰相和枢密副使,指点他们应当如何执政、如何治军。底层指点顶层,洋洋洒洒数千言。韩琦是谁?二十年前就率领数十万大军与西夏战……

老处士加犟脾气,可以概括苏老泉。他希望凭借欧阳修的力荐,不试而官。富弼传话:"此君专门教人杀戮立威,岂值得如此要官做!"

苏洵一听,大叫惨也惨也。苏轼、苏辙也惶恐莫名。当天夜里,汴京下起了鹅毛大雪,可怜的苏洵,骑马奔向一百多里外的郑州,迎见返京的张方平张侍郎!一座靠山不行,要有两座靠山!苏洵《上张侍郎第二书》:"雪后苦风,晨至郑州,唇黑面裂……"

苦啊,苦啊,寒士冲风冒雪,北方地冻天寒。老寒士骑一匹瘦马,跌倒雪野又爬起来,嘴啃雪泥,不要紧。旷野黑茫茫又白茫茫,布衣苏洵心惶惶。饿了吃干粮,抓一把冷痛大牙的雪团子吞下去……苏洵写信向张方平吐苦水:"出郑州十里许,有导骑从东来,惊愕下马立道周。云宋端明且至,从者数百人,足声如雷。已过,乃敢上马徐去。私自伤至此……"

端明殿大学士、枢密院头号人物宋庠的车队。枢密院三个字,苏洵一听就怕,富弼就是枢密副使。布衣处士苏老泉惊慌失措,竟然不敢上马。一朝被蛇咬,十年怕井绳。

为了子孙后代,眉山苏老泉真能拼啊。

三苏名震京师,也是有过曲折的。

公元1057年

欧阳修的一双耳朵白得奇怪,又"唇不著齿",眼睛高度近视。当初晏殊丞相接见他,居然不下车就走了。他受侮辱,越发挑灯夜读,眼力越发下降。

自卑与超越的典型,便是生于绵州(四川绵阳)的欧阳修。他四岁离开四川。

唇不包齿,蜀人戏称"地包天",但是这个人太优秀了,内在的修养散发到五官,庶几叫作丑乖。他个头不高,可称伟岸。耳朵白,辨识度高。欧阳修晚年自号"六一居士":酒一壶,琴一张,棋一局,集古录一千卷,藏书一万卷,复以一老翁优游于五者之间,是谓六一。

欧阳修是文人书法的开创者,行楷字以典雅著称。他的小词别有韵致,"轻舟短棹西湖好,绿水逶迤,芳草长堤,隐隐笙歌处处随"。他是著述甚丰的大学者,又有《六一诗话》传世。

欧阳修做文章多在"三上":马上、枕上、厕上。

宋仁宗嘉祐二年(1057),欧阳修变科举。这是历史上的大事件。赵宋立国近百年,欧阳修大手一挥,扫尽浮靡文风，奠定文以载道的基础。没有欧阳修，哪有唐宋八大家之六席？哪有成千上万的新进士奔赴全国三百多个州、郡？

北宋士大夫名臣如云，好官良吏星罗棋布，远远超过盛唐。

盛唐一个李林甫，就做了十九年的丞相。奸臣当道，于是昏君生焉，直接导致安禄山、史思明之乱，八年，全国人口锐减大半。中唐、晚唐，叫作颓唐。

公元1057年，乃中国传统文化的关键年。

陈寅恪："华夏民族之文化，历数千载之演进，造极于赵宋之世。"

赵宋之世，苏东坡扛起文化大旗。这大旗的辉煌超过汉唐。

家风、学风、文风，三风合为长风，惠及华夏子子孙孙。

苏东坡说："父老纵观以为荣，教其子孙者皆法苏氏。"

北宋以后读书人，没有不读苏东坡的。

今日华夏学子，没有不读苏东坡的。再过一千年，中国人还是要读苏东坡。

大考在即，苏轼想念母亲

公元1057年春，欧阳修率领几位副考官"锁院"五十天。这是国家机密。黑压压的考生裹饭携饼，"待晓东华门外"。全副武装的禁军，维持三年一考的科举秩序。皇帝高度关注，百姓翘首以待，茶余饭后只谈科举。欧阳修上达天听，他的主张就是仁宗皇帝的主张。各地的考生们早有三猜：一猜主考官是谁；二猜主考官提倡的文风；三猜传说中的录取大改变。

老苏自抚雷琴，大苏小苏用功如常。他们住在城南的兴国寺，有菜园子和古槐树，苏轼赞曰："一似山居，颇便野性也。"乡野青年读书破万卷，文章风格已经形成，猜也没用。

眉山苏轼自信心满满，为什么？他闻到了朝廷变科举的气息。再说，文章不合时宜，就只能等三年以后了。

临考的头一天晚上，大苏徘徊于古槐树之下。良久，星月布满天，人影树影在地上。老苏徐徐问："轼儿三猜否？"

苏轼笑了笑，摇头说："父亲不猜，儿子也不猜。我和弟弟都是有备而来。这些年，父亲对我们十分严格。"

苏洵问："那你围着这棵老槐树转，想啥呢？"

苏轼答："想母亲。"

槐者，怀也。老苏大苏，相对默然。屋檐下一直站着的苏子由热泪盈眶。

"我寄愁心与明月"，随风直到眉城西。

欧阳修看苏轼的考试文章直冒汗

考试采取糊名制，防止考官、考生作弊。论文的题目叫《刑赏忠厚之至论》，苏轼谨慎，三次起草。副考官梅尧臣，把这份誊写后的卷子呈送主考官，欧阳修看了头一行就坐不住了，走来走去，读了又读。毫无疑问，这篇文章应该列于榜首。欧阳修拿起了千钧重的鼠须笔，却又犯踌躇：这文字像是出自曾巩之手。曾巩是他门下弟子，录为第一，恐怕要招来闲话。

欧阳一声轻叹，录为第二。

再考《春秋》对义，苏轼得第一。

礼部放榜，苏辙也上榜了。苏老泉睡到半夜总要笑醒。哈哈，大苏考了个第二！小苏名列第四十七！苏家已经雄起，不是雄起在西蜀，而是雄起在汴京！

三月，仁宗皇帝亲自在崇政殿举行殿试。按以前的旧例，殿试下来，三取一或二取一。可是这一年，三百八十八名参加殿试的考生，全部录取！这是天子向天下学子发出的信号。

谁向天子建议的？知贡举欧阳修，绵州人欧阳修，苏东坡的恩师欧阳修。

苏老泉痛饮剑南烧春，念叨欧阳修，不知千百遍。岂知欧阳修正在家中疾走，鼓额头直冒汗，擦了又揩，揩了又擦。他儿子欧阳奕在旁边侍候手帕。副考官梅尧臣亦在。

欧阳修说了一段足以传万年的话："读轼书，不觉汗出，快哉，快哉！老夫当避路此人，放他出一头地。"轼书，指苏轼登科后，按惯例写给几位考官的谢启。

欧阳奕惴惴问："父亲，此人当真如此厉害？"

欧阳修揩了揩自己额头上不断冒出的汗。乍暖还寒天气，竟然汗流不止。

欧阳修对儿子说："更三十年，无人道着我也！"

欧阳奕又一惊，扭头去望梅二丈（梅尧臣身高九尺，人称"梅二丈"）。

梅尧臣笑道："当初，韩愈掌洛阳的国子监，冒雨走一百五十里泥巴路，专程拜访昌谷小县十七岁的李贺。今日欧阳公知贡举，看青年苏轼的文章出汗，赞不绝口。韩昌黎、欧阳永叔之佳话，传百代何难？"

欧阳修掌额而叹："苏子瞻本该是状元啊，怪我，怪我。也罢，也罢。"

开封街头苏老泉，且行且喜且长叹

幸福的苏老泉溜了，溜到大街上去了。先是小步走，渐渐地，昂首阔步旁若无人。他腰间挂个酒葫芦，走几步喝一口，状如苏序老爷子走在眉山城。哈哈，他苏明允，他苏老泉，如今走在汴京城！不得了，了不得，人要长啸，人要蹦蹦跳跳，要平地飘起来。

不容易啊，苏老泉考了三次，三次进京啊，往返路八千，风雨兼程几百天，费掉银子巨万，那白花花的买路钱哦，从眉山城买到开封府，又从开封府买到眉山下西街……

三次进京考试有多难？三天三夜说不完。幸好，幸好啊，二子俱不凡！

御街多么宽哪，四十辆豪车可以并驾齐驱！杈子（街中间的行道树）整整齐齐，一望笔直几十里。啊，那横跨滔滔汴河的朱雀桥，虹桥卧波千帆过！状元楼、潘楼、摘星楼直上云霄，更有那皇宫，简直是天宫！

眉山苏老泉，走一步一个惊叹号。美酒下肚不觉颠三倒四，在宽广的御街上画着斜线。一首传世打油诗脱口而出："莫道登科易，老夫如登天。莫道登科难，小儿如拾芥。"

三苏在眉山寒窗十年，学力不凡啊。二苏荣登黄金榜，一次就考上了，苏辙才十九岁。

三苏父子，从此名震京师。偌大开封城刮起了三苏之风。

1963年，朱德元帅到眉山，题诗于三苏祠："一家三父子，都是大文豪。诗赋传千古，峨眉共比高。"陈毅元帅诗云："吾爱长短句，最喜是苏辛。"辛，指辛弃疾。

黄金榜下捉女婿，捉走榜眼苏子瞻

公元1057年3月14日，殿试之后放黄金榜，状元，建安章衡；榜眼，眉山苏轼。尚书省前的大广场人山人海，喊声如雷鸣，喊了状元喊榜眼。有知情者高叫："眉山苏轼原本是状元！"

榜眼也挺好，苏榜眼定睛看了金榜，迅速走人，奋力挤出汹涌的人海。可是又瘦又高的苏辙挤丢了。苏轼转身挤回人海，挤到金光四射的黄金榜前，踮脚四顾。这一踮，麻烦了。

汴京有钱有势的人家流行榜下捉婿，把新科进士捉为女婿。苏洵叮嘱过二子："小心哦，莫被捉了去。"

苏榜眼在人海中被探子发现了，三条大汉排开人浪抢来捉他。这些豪门的壮丁，个个身负武功，既要榜下捉婿，又要与人争抢，抢得状元、榜眼、探花，赏银随便花。苏轼哪里见过这等阵势，连称结了婚、成了家，奈何壮丁们哪里肯信，只要伸手来捉，挥臂来抢。

苏轼要逃跑，却哪里逃得掉，六条粗大胳膊俨然捆绑他。

汴京的市井小儿登高一呼:"捉住啦捉住啦,快看眉山苏榜眼!"

六只黑毛大手把苏东坡举在空中,另一条大汉在前边铁掌开路,掌劈四方脚飞舞。

苏子由也被捉走了,他身长八尺(约一米八五),却是瘦巴巴的,肋骨一排排,前胸贴后背。眉山后生尝戏谑:"子由瘦是瘦,浑身无肌肉。"

可怜的苏子由,差点被几个膀大腰圆的壮丁大卸八块。

有些被捉的新科进士,明明已成家,谎称尚未娶,一步踏进了东京豪门……

且说苏榜眼被人捉拿,从东华门捉到宜秋门,两辆高轩八匹马,招摇过市,行人眼花。捉婿大汉还沿途吆喝:"俺家捉住苏榜眼啦,诸位看官,快来看快来看!"

东京市民潮水般围上去,马车小停片刻。市民相顾曰:"眉山苏榜眼生得玉树临风哦,哪家的千金小姐消受他?"

书生朗诵晏几道新词:"侧帽风前花满路,冶叶倡条情绪。"

妇人们把鲜花抛向新科进士。小儿伏地抢花束。放榜日全城狂欢。

苏轼凭轼而立,环视,向市民们展露微笑,仿佛他已经是豪门贵婿。反正挣扎也没用,跳车吗?没必要。跳下马车跑不了几步,不被大汉捉回,也被人浪弹回。

眉山苏轼一路微笑,听见人群中有人高喊:"眉山苏子瞻,貌美胜潘安!"

楼上的姑娘们纷纷掀帘子……

捉婿的高轩驶入高墙大院，头戴乌纱帽的主人拱手相迎。苏轼做了解释。主人初不信，苏轼提到了欧阳修，主人才点头，叹息一声，命下人送苏榜眼还家。

雕窗内，一位盈盈二八少女垂下了她的丽眼。庭院中，三条捉婿大汉傻了眼。

欧阳修挨落榜学生的臭鸡蛋

苏东坡险些被捉,欧阳修差点挨打,这故事,开封传了几代人,载入野史笔记。欧阳公大变科举,受到仁宗皇帝的嘉奖。然而,来不及改变文风的考生占多数,名不见黄金榜,个个骂娘,横竖不肯卷铺盖走人。一些考生摩拳擦掌,要打欧阳修,打歪他的"地包天"。

有个带头闹事的考生叫刘几,写四六骈文(太学体)颇有些名气,原以为登科不过是小菜一碟,可是主考官欧阳修,竟然在他的试卷上画了个大黑叉。刘几见了考卷,恨得咬牙切齿。

这一天,欧阳先生从朝廷归私第,官车内架着二郎腿,抱着一坛御赐琼浆,优哉游哉。他干成了一件大事,造就了一大批英才,带动百年好风尚。如此功业,胜过几许帝王将相?欧阳修想想而已,断不会语人半句。想一想是可以的,乐一乐是可以的。择日邀来三苏父子,还有那个方平老儿,状元楼上喝他个一百杯!

官车驶入小巷,忽见一群激动后生奔来,将高轩团团围住。一时间,叫骂声与鸡蛋齐飞,有后生纵身跳上车来,那车夫眼疾手快，一把推下去。后生倒地呻吟，群情更汹汹。

一个白面书生边扔鸡蛋边喊："打烂欧阳老儿的地包天！"

堂堂欧阳永叔，一脸过期的臭鸡蛋。蛋黄糊了唇不包齿，封了一双近视眼。正午的天光忽然变黄昏。平生高峰体验，一下子落入低谷。后来他对苏东坡说，那一天，黏糊糊的鸡蛋雨总是下不完。那一群落第考生扔了几百个臭鸡蛋，还有一车烂白菜。白菜头简直像石头。

车夫高叫："欧阳公是朝廷命官！"

考生齐吼："打的就是朝廷命官！"

小巷中的动静闹大了，禁军闻讯赶来，考生们且战且退。

这事儿却还没完，当天夜里，数百人围在欧阳修家的朱门前，当着那八个威严的卫士，齐声朗读《祭欧阳修文》，要把欧阳修活活咒死。

仁宗皇帝下令追查，欧阳修劝阻说："考生十年寒窗苦，扔一回鸡蛋就罢了，念一通祭文就散了，划算，划算。"

苏东坡叹曰："师尊欧阳公高风亮节，弟子自当追随其后。"

"有大贤焉而为其徒，则亦足恃矣"

公元1057年，宋仁宗嘉祐二年三月，苏轼高中进士榜第二名，光耀眉山苏家门庭，也让欧阳修先生脸上增辉。可爱的醉翁，逢人就夸苏子瞻，带他拜谒韩琦、富弼、范镇，介绍他认识曾巩、王安石、司马光……世界一流的交游圈子，苏东坡闲步而入。草根一夜间置身于顶层，面色如常，心速不加快。这底气从何而来？底气端赖书卷气，"粗缯大布裹生涯，腹有诗书气自华"。

几千年来，人类的优秀分子都是这样。读书修炼，乃强大自身的最佳途径，再过一万年亦如是。

家风，要有良好的学风。现代生活复杂，不读书如何生智？不读书如何明理？不读书何谈修身？捧书卷与看手机有天壤之别。

悟得大师两三家，胜似网虫一万年。

乡野青年苏轼，正在用文化基因修正他的遗传基因。

京师衮衮诸公，赞赏苏轼有孟轲之风。在宋代，孟子的地位极高。

弟子连月跟随师尊,叩访名流,流连于名园、古刹。暮春三月好时光,欧阳修带着苏榜眼,一日看尽汴梁花。

杜甫说:"老年花似雾中看。"诗圣、醉翁、坡仙,一生读书几万卷。

颜回感慨老师的名句:"仰之弥高,钻之弥坚。瞻之在前,忽焉在后。"圣人的高度难以企及,所以会显得捉摸不定。

伟大的马克思曾经发问:"一个哲学家和一个搬运工的距离究竟有多大?"

苏东坡仰望师尊欧阳修,仰望不够。日常生活情趣,他自叹弗如。

苏东坡尝言三不如人:"弹琴不如人,饮酒不如人,下围棋不如人。"此三者,恰好是六一居士所夸耀于人的。欧阳修的家门,可称宋代第一师门。当然,他也有看走眼的时候,比如看吕惠卿,看章惇。吕与章,俱是大奸。

年轻的苏轼在《上梅直讲书》中写道:"诚不自意,获在第二,既而闻之人,执事爱其文,以为有孟轲之风,而欧阳公亦以其能不为世俗之文也而取焉……人不可以苟富贵,亦不可以徒贫贱。有大贤焉而为其徒,则亦足恃矣。"从这段文字看,苏轼获第二名。曾枣庄教授《三苏评传》,孔凡礼先生《苏轼年谱》,也称苏轼考了第二。

孟子是谁?富贵不能淫、威武不能屈、贫贱不能移者也。

梅尧臣说:"苏轼归于欧阳公门下,此乃天意,天意啊!"

苏子瞻八岁那一年曾经说过:"范仲淹、欧阳修又不是天人,为什么我不可以谈论他们?"

眉州千百个学子,唯有苏东坡出此言。

二十二岁,他骄傲地成为欧阳修门下弟子,与王安石、曾巩等同列东京第一师门。

苏东坡在京城哭了

欧阳修把苏轼引荐给几位朝廷大臣,其中有个范镇,也是蜀人,人称范蜀公。范镇犯颜直谏,有宋一代称第一。"宁鸣而死,不默而生。"这是范仲淹的名言,范镇视为座右铭。《朱子语类》称:"本朝人物,范仲淹第一。"

苏轼早就崇拜范仲淹,当年父亲讲范仲淹,学堂先生张道士(宋代的乡学教师,道士不少),大谈特谈"先天下之忧而忧,后天下之乐而乐"。苏子瞻八九岁,慕范公如慕天人。

范镇对苏轼说:"范公官至宰辅,家中找不到几件值钱的东西。范公在十几个州郡做过官,包括荆楚蛮荒之地,这些地方俱称'范公过化之州'。"

苏轼喃喃道:"哦,过化之州。"

士大夫做什么?教化一方百姓。"富之,教之。"

做人、做事、做官,此"三做",苏东坡足以垂范后世。他为官十几个地方,唯一不变的是民本立场,坚决维护百姓的利益。

孩提时代的向往是决定性的。苏轼在眉山,无数次想象过范公风采。

长大要做什么人？做人要做范仲淹。

如今在京城，苏轼拜见过了许多名臣，独不见伟岸范公。

苏轼徐徐问："范蜀公能否引见范公？"

范镇摇头："范公仙逝已五年矣。"

苏轼一愣。他从小仰慕的天人却在九泉下，不觉潸然泪下。

苏轼这两行清泪很值得研究。眼泪是何物？眼泪是心劲的表达，眼泪更强化了心劲。此后四十余年，苏东坡在他做官的每一个地方都巴心巴肝为百姓谋利益。

宋代，有良知的士大夫无不仰慕范仲淹。

美政冲动，是宋代优秀士大夫的共同特征。

欧阳修对苏轼说："眉山苏家，邻里称仁。你爷爷和你的曾祖父都是有德之人，苏家的家风、学风俱称一流，不出济世之大才，老天爷也不答应！"

年轻的苏轼朗声道："弟子谨记教诲，今生不辱师门！"

"敢以微躯,自今为许国之始"

国运是什么?国运直接关系家运和个人命运。宋人目力长远,直接看到这一点。苏东坡活动在历史氛围中,在他的前面,名臣良吏数不完。

仁宗在位四十多年,名臣最多,超过盛唐。苏轼高中进士,是在仁宗后期。

苏轼写信给同榜状元章衡:"仁宗一朝,十有三榜,数其上之三人,凡三十有九,其不至于公卿者,五人而已。盖为士者知其身必达,故自爱重而不肯为非,天下公望亦以鼎贵期之,故相与爱惜成就,以待其用。"

这段话很重要。它道出宋代优秀士大夫的普遍心声。

仁宗朝平均三年放一次进士榜,放榜十三次,三十九年也。名列前三的三十九个人,只有五个人未能跻身于公卿。士农工商乃是延续千年的阶级排序。一朝为士,知其身必达,故自爱自重,不肯乱来。这是理解宋代士大夫的一把钥匙,一段点睛文字。

苏轼说:"敢以微躯,自今为许国之始。"

自今日起,这一百多斤都交给国家了。如此豪言壮语,却是信手落笔。

一切心声的表达都不是故作豪壮。故作豪壮者，其言多伪。

苏东坡四十岁在山东密州做太守，政绩有口皆碑，他离任时却对继任的孔太守动情地说："永愧此邦人，芒刺在肤肌。平生五千卷，一字不救饥。……何以累君子，十万贫与羸。"

何谓好官？永远觉得不够好的官员是好官。

苏东坡五十九岁贬岭南惠州，携家带口，陆走炎荒千里，途中作豪迈语："许国心犹在，康时术已虚。"匡时救世他是无能为力了，但许国之志不减。

"浩然天地间，惟我独也正。"

苏东坡一以贯之的利他主义，源头在眉山。

苏东坡想爷爷了

新科进士苏东坡，在京城想爷爷了。爷爷走了十年，爷爷知不知道他的两个孙子高中进士榜？借用苏东坡思念王弗的话，"不思量，自难忘。千里孤坟，无处话凄凉……"

苏轼信步于御街，登上连接汴河的大虹桥，举目万人如海，思绵绵。十年前的春天爷爷病重了，远走眉山东门去拿药，回家时，苏轼朝爷爷冲过去，还撒娇，偏叫爷爷抱一抱……有一次他在岷江边得了巨石砚，弄到学校给老师和同学看，显摆，归家抱得艰难，却见爷爷骑驴而来，驴驮巨石砚，悠然青石板。孙儿的心思，爷爷知道啊。

多少事，爷爷并不说，爷爷只是做……考举人，考进士，苏轼用的是爷爷送他的张武笔、张遇墨。文思泉涌，却有爷爷的暗中助力；笔走龙蛇，得益于爷爷送的生日礼物。

十年来，苏轼每一次想起亲爱的爷爷，就有心劲生焉。

十年想了多少次？梦见爷爷多少回？记不清，记不清。

小时候苏轼喜欢跟爷爷睡，爷爷讲故事，爷爷摇扇子，爷爷拍蚊子，爷爷倒提井水为他和弟弟哗啦啦冲凉，爷爷雪夜为他生火盆，爷爷趴地上给他当马骑，爷爷教他做桑木弹弓,爷爷带他种松树满山冈。嗬,爷爷街上走,两个乖孙坐肩头,眉飞色舞有点抖……

人群中穿行的苏东坡泪流满面。

在眉山，程夫人强撑病体

三苏父子赴京后，眉山留下的都是女眷，程夫人、任采莲、杨金蝉、王弗、史氏。石佛镇尔家川的田产卖了，苏洵临走时感慨："为行者计，则害居者；为居者计，则不能行。"

一个"害"字触目。程夫人首当其冲，她是一家之主。

纱縠行的布帛生意不如以前了，竞争大，利润薄，程夫人又特别讲诚信，决不会以次充好。穷人来买布料，她一向要打折，有时候几乎白送。街坊劝她不必如此，她说："苏家几代人慷慨解囊，我可不能抠门哦。"

她累，积劳成疾。嫁到苏家后她生了六个孩子，长子景先早夭，小女八娘嫁给她的侄子程之才受虐而亡。大女二女走在小女的前边……近三十年，程夫人四次大悲痛。

劳累，悲伤，隐忍，识大体，顾大局，总是菩萨心肠，程夫人的一生就是这样。

她病了，可是她像公公一样坚强，不把自己当病人。找大夫瞧病，诊费药费高的她不请。牛羊肉她不买，鸡肉鸡汤多给两个儿媳妇吃，大儿媳王弗身子弱，子由的妻子史氏要喂孩子奶,她这婆婆,宁愿亏待她自己。她给远在汴京的苏洵写信,说家里诸事皆好,不用一丝牵挂。

"毫不利己,专门利人。"中国民间有千千万万伟大的母亲。

公元1056年,程夫人贫病交加。春,三苏父子启程赶考,她强撑病体,强露欢容。背人处她气喘吁吁。

三个男人走了。田产卖了。布帛生意艰难,苏家五亩园日益凋敝……

娘家近在咫尺,她不回娘家拿一文钱。她生病,也不告诉娘家人。

眉山是个小城,只有九条街。而娘家对程夫人来说,真可谓咫尺天涯。

《苏轼年谱》:"程氏,为眉山大姓。"

程夫人是眉山县人,不是青神县人。今之网络有说法称"程夫人是青神县人",谬。

司马光《武阳县君程氏墓志铭》:"夫人姓程氏,眉山大理寺丞文应之女。"程夫人谥号武阳县君。

苏东坡《外曾祖程公逸事》:"公讳仁霸,眉山人。"

北宋的眉州辖四县:眉山、彭山、丹棱、青神。

《宋史·程之邵传》:"程之邵,字懿叔,眉州眉山人。曾祖仁霸……"

苏东坡《送表弟程六知楚州》:"炯炯明珠照双璧,当年三老苏程石……我时与子皆儿童,狂走从人觅梨栗。"施元之注云:"东坡母成国太夫人程氏,眉山著姓。"著姓,大姓。

《苏轼年谱》云:"苏轼九岁时,'与程之元嬉戏'。"

北宋的眉山大姓程氏一门,出了四个进士。民国版《眉山县志》有记载。

据《苏轼年谱》:"程夫人的父亲程文应,享年九十岁;她哥哥程濬,活了八十三岁。"

本文顺带列出这些史实，是为了阻止谬误之说的蔓延。如果网络上关于"程夫人是青神县人"的说法是正确的，符合史实的，那么司马光、苏东坡、苏子由都错了。《宋史》也错了，孔凡礼先生的《苏轼年谱》也错了，民国版的《眉山县志》也错了。

眉山,程夫人望眼欲穿

三苏父子去汴京一年多,居眉山的程夫人望眼欲穿。东门码头有五棵大榕树,枝叶相连排开数十丈,岷江东流去,不舍昼夜。程夫人伫立树下望江水,秋望,冬望,春望。

王弗跟着,在婆婆的身后抹眼泪。

望断春水人不归……

早春二月,三更夜,王弗隐隐约约听见任妈妈在程夫人的病榻前哭。

苏辙记云:"(先)夫人程氏……生而志节不群,好读书,通古今。"

大喜之时忽然大悲

公元1057年4月7日这一天,苏轼在汴京兴国寺的菜园子散步。洛阳牡丹汴梁开,一株牡丹花开得正艳。苏轼注目牡丹,想到了母亲。程夫人原本是一朵富贵花。程家是眉山首富,"门前万竿竹,堂上四库书"。苏轼爱竹、咏竹、画竹,亦因程夫人而起。后来苏家十三个孙子,取名都是竹字头。

眉山苏家五亩园,有一株程夫人亲手栽的牡丹花,众人赞赏鲜艳时,程夫人独不语。而院落清静了,苏轼看见母亲一个人轻抚牡丹,良久不舍。

花独开,人独立。五亩园子悄悄的。

少年苏轼注意到这个场景,似懂非懂。

如今在汴京,苏轼想:母亲对花无语,自伤身世吗?

母亲的少女时代多么美丽,堪比牡丹花。邻居都这么说。可是母亲,十年对花无语……

屈指算来,离家四百多天了。苏轼梦见母亲面容憔悴,母亲的满头白发在风中飘。

"白发三千丈,缘愁似个长。"

苏轼怅望西川方向……

菜园子起了一阵风，牡丹花失颜色，花瓣飘零。苏轼忽然来了一股心痛。当年爷爷弥留之际，苏轼在外面玩耍，突感心疼……牡丹花开未几日，风也不大，为何它突然凋谢？无端心痛，是何征兆？夏末，眉山传来噩耗：4月7日，程夫人已病逝于纱縠行老家。

苏轼扑通一声向西跪下，伏地叩头，号啕大哭。

苦命的母亲啊！

"归来空堂,哭不见人"

三苏父子踉踉跄跄奔丧千里,一路上,绵绵追思不尽。苏洵是否有反思?程夫人的处境与他是有关系的,他早年的"游荡不学",他中年的火暴脾气,他处理苏程两家关系的粗暴行为,他骨子里的男尊女卑意识。

"归来空堂,哭不见人。"仅一年多,眉山老家已是墙倾屋坏,五亩园子一片萧条。任采莲独自垂泪,带着哭腔说:"夫人她苦啊,她一肚子的苦水向哪个倒过?"

苏家两个儿媳妇,王弗和史氏,总是眼泪汪汪。她们亲身经历过的事情太多太多,辛酸事憋在心里。

眉州的州官、县官俱茫然:"是去苏家贺喜呢,还是去哭灵?"

翰林学士司马光撰写了《武阳县君程氏墓志铭》。

苏东坡撕心裂肺的哭声,唤不醒苦命的母亲。左邻右舍泣下。

程夫人葬于眉山城东十余里,今日谓之苏坟山,千亩松林,千年来松涛阵阵,向这位伟大的母亲致敬。三万棵松苗是苏轼亲手栽下的。

按古制，苏氏兄弟居丧二十七个月。

丁忧古制是孔子定下的，唐宋六百年严格遵循。

活着，就是怀念着，点点滴滴追忆母亲的生前。当年不懂事，不知生计之艰难，如今渐渐活明白了，亲爱的母亲却在阴间。

子欲养而亲不在，子欲哭而母不闻。

阴阳永相隔，这是人类永恒的绝望。

王弗病了一场

王弗病了一场,她悲伤、自责,认为自己身为长房媳妇,没能照顾好婆婆。婆媳相处三年,程夫人就像她的亲妈。任采莲几次安慰她,才使她从自责的情绪中缓过来。

苏轼抚棺哭叫,通宵长跪不起。王弗病后体弱,她哭累了,却坚持跪在丈夫的身边。

苏洵《祭亡妻文》曰:"归来空堂,哭不见人。"

他对妻子养育并教导儿子抱着无限的感激:"惟轼与辙,既冠既昏(婚),教以学问,孰知子勤。"现在儿子有了大出息,苏洵告慰亡妻说:"亦既荐名,试于南宫。文字炜炜,叹惊群公。二子喜跃,我知母心。非官实好,要以文称。"

程夫人葬于城东十几里的一座青山上。她被后人称作中国三大慈母之一,与孟母、岳母并称。孟母、岳母的记载少,程夫人的事迹多见于史料。

王弗孝敬婆婆,十年如一日。后来她的坟墓紧挨着婆婆的坟。"料得年年肠断处,明月夜,短松冈。"

今日眉山城有苏母公园。眉山苏母身上的优良家风品质,要在全国宣传起来才好。

丁忧

苏氏兄弟循古礼，丁忧守制二十七个月。

丁忧意味着，不管你官居何职，身在何方，必须赶回家丁忧。丁忧既是尽孝，又是对官场身份社会角色的中断和超越，使人返回他的赤子本源，有可能从源头上重新打量他的生存。说到底，人间万事，除了铭记、追思父母的恩典，没有什么事不可以暂停的。

苏轼、苏辙进京前已有妻室，不然的话，婚期也要推迟。

兄弟二人住草庐，为母亲守墓四十九天，逢七烧纸钱。白天读书，夜里观星斗，倾听江声和山间的风声。

来年春天，苏轼携王弗到青神县的岳父家住了一些日子。小城的百姓奔走相告，县太爷设宴款待，乡绅递请柬排起了长队，争相邀请新科进士、名列全国第二的苏子瞻。岳父王方大大露了一回脸，他也不用夸女婿，因为称赞苏轼的人实在是太多了。苏轼的衣裳、口音，乃至他的帽子、扇子、走路的样子、坐下看书的姿势，都会成为人们津津乐道的话题。更不用说，苏轼还见过皇上呢，见识过皇家的排场,吃过许多豪门盛宴!

青神父老曰:"三苏家风好,一飞三凤凰。"

青神后生戏曰:"王弗嫁给苏榜眼,青神女儿'涨价'啦。"

丁忧的日子里,苏轼写了五十篇策论,瞄准朝廷的制科考试。他以在籍进士的身份到成都,拜访从定州移知成都、宋朝宰相王旦的儿子王素,为蜀人恳请减赋税。

苏轼尚未做官，先已为民请命

嘉祐四年(1059)春，苏轼上书龙图阁学士、益州太守王素。翰林学士当中，以龙图阁学士为最。王素是一代名相王旦的儿子。苏轼上书云："蜀人不知有勤恤之加，擢筋割骨以奉其上，而不免于刑罚。有田者不敢望以为饱，有财者不敢望以为富，惴惴焉恐死之无所。"

蜀中赋税重。苏轼请求王太守减少赋税，上书未果，他骑马到成都拜见太守。一番交谈之后，王素叹曰："子瞻不愧是欧阳公的高足，尚未踏上仕途，先已为民请命。"

王素减轻了盐、茶、酒、绢等基本生活物资的赋税。地方大员有此权限。

年轻的苏轼走马成都，数以百万计的蜀人受其惠。苏轼的仕宦生涯，当从二十四岁算起。时在仲春，锦城无处不飞花。王素命其子王巩从苏轼问学。王巩，字定国，当时十二岁左右，是个锦袍公子，翩翩美少年。苏轼与王巩从此订交，几十年交情深厚。后来苏轼遭遇宋代的头号文字狱"乌台诗案"，连累四十多个人，王巩最惨，被贬广西宾州五年……

苏子瞻拜别太守，单骑回眉山。官道两旁，一望无际的黄灿灿的油菜花。川西坝子沃野千里啊,"岷山之阳土如腴,江水清滑多鲤鱼",这是苏老泉的诗句。

从成都到眉山百余里,要过三道河。苏轼下马,小饮于乡野酒肆,三杯薄酒下肚,人已晕晕乎乎。春阳照着他的红面孔。油菜花金黄,麦苗儿青青,古村落依傍岷江。"暧暧远人村,依依墟里烟。"年轻的苏轼,心里有一种说不出的高兴。美政与诗情都在涌动。

过最后一道河,河对岸那五棵巨大的古榕树,将古码头连成一景。苏轼等渡船,坐在一块青石头上,身边宝马不须牵。霞光万道融入宽阔的江面,反射在苏轼红润光洁的脸上,瓜子脸,细长眼,颧骨略高,皮肤细,"颀身七尺"。苏轼是在读书人家长大的,未谙农事,不曾面朝黄土背朝天。四十多年后,王巩的从侄王古在广州见到苏东坡,发现他"颜极丹且渥",面色相当红润。彼时,苏东坡早已饱经风霜。

上船了,"有情风万里卷潮来"。苏轼牵宝马立船头。若干年后他写道:"有笔头千字,胸中万卷,致君尧舜,此事何难。"

杜甫名句:"致君尧舜上,再使风俗淳。"

三苏迁往汴京

嘉祐四年(1059),苏洵决定举家离蜀。

二十岁的王弗有了身孕。举家为她欢喜,任妈妈早已做好了小儿衣裳:兜肚、背条、尿片……夏天要当爹爹的苏轼,时常在南轩抛书自笑,张望斜对面的小轩窗内,王弗对镜梳妆或剥吃嫩花生的模样。王弗隔着院里的井台、丹荔瞧他,嗔怪他,拿眼神叫他读书写字。二人这么你一眼我一眼的,苏轼故意拧着,不看书,王弗便皱了细眉,指指庭院之上的大好秋光。午后苏轼要小憩,听听胎儿响动。

下午,苏轼通常陪王弗出门转转,单走眉山的小街小巷、儿时疯玩之地。走到西城墙外的小石堰,跃上大榕树碗口粗的粗干。他们要走了,远离故土,不知何时才能回来。

在程夫人的坟前,王弗向婆婆报告自己怀孕的消息……这一年,王弗生一子,取名苏迈。

苏洵心情矛盾。走是一定要走的,他写诗感慨眉山说:"古人居之富者众,我独厌倦思移居。"苏家从此告别了几百年来的居住地,即将解舟南行,下渝州、出三峡、抵荆州,再骑马北上中原。苏洵知道，将来他多半是躺进了棺材方能回归故土。

苏洵为程夫人造了六尊菩萨——观音、大势至、天藏、地藏、解冤结、引路王者，置于城内的极乐院，供奉于如来堂。并作《极乐院造六菩萨记》。

曾经让妻子"耿耿不乐"的苏老泉，这几年，对程夫人的歉疚之情有增无减。

九月，苏家十余口在东门外的王家渡下船。苏轼的几个堂兄，苏不欺、苏不疑、苏不危，好朋友杨济甫、巢元修以及眉山史家的、青神王家的亲戚皆来送行。

古老的榕树下站满了人，百十双手挥动着，妇人含泪，男人抱拳。

眉山父老欣然曰："苏家几代人行善于乡里，三苏父子又名震京师，眉州后生从此有偶像也。"

江水煮江鱼

船行嘉陵江,江水煮江鱼。老苏、大苏都是钓鱼捉鱼的好手,鱼真多呀,传说有娃娃鱼,叫声如娃娃。不须登岸买肉,只在船上抛渔线,运气好钓起一尾江团鱼,那味道不摆了(四川人爱摆龙门阵,"不摆了"是说:好极了,摆不了)。王弗、史氏、任采莲、杨金蝉,四位女眷在舱内忙碌,小儿跳进跳出,还不敢跳进江水。

苏轼兴起也,扎猛子,栽蛙式。这个浪里白条,从岷江栽到嘉陵江。小孩子跃跃欲试,爷爷苏洵笑道:"莫慌,莫急,过两年栽蛙式不迟,汝等欲戏水,先学狗刨沙(自由泳)……"

史氏生的儿子叫苏迟,三岁多了,整天蹦跳。

老苏弹琴,大苏写诗,小苏大抵发呆。

"船上看山如走马,倏忽过去数百群。"

深秋,下雪了,江上一片白茫茫。苏轼犹单衣,伫立于船头,若无思而有思。年轻的诗人寻觅佳句,"语不惊人死不休"。可是唐朝诗人写得太出色了,真是眼前美景道不得。

鲁迅说："一切好诗，到唐已被作完。"

船过忠州，泊岸访古。游永安宫，观八阵图，凭吊伟大的诸葛亮。

访古之幽情，乃是古代诗人的一大兴奋点。

黄昏时分，苏老泉独钓寒江雪。苏东坡访屈原庙，看诸葛盐井。成年人想看什么，是年少时决定的。今天的小孩子要克服"自然缺乏症""美感缺乏症"，一定要从幼儿期做起，上小学就迟了……

三苏父子的坚船过夔州，入三峡，经瞿塘，经滟滪堆，接下来便是巫山神女峰。"白浪横江起，槎牙似雪城。"水石相击，声如洪钟，三尺长的大鱼被巨浪高高抛起，落在尖利的岩石上，暴鳃而死。"两岸猿声啼不住"，坚船难过万重山。

船至新滩，阻于大风雪，三日不能开船。苏轼踏雪去附近的村子买村酿，身穿王弗做的新棉衣。小村名叫龙马溪，村头古树后闪出一角酒旗来。苏轼买了十斤酒，切了五斤牛肉。雪大风疾，憨厚的店主人送他一顶斗笠。

他走出小店很远了，回望那破旧的酒旗卷在雪风中。

雪野一串脚印，漫天玉龙飞舞。端的好景致，丰年好大雪。

三苏从眉山东门码头拿舟而南，"沿途阅县三十六"。顺流而下六十天。

这种有利于感觉丰富性的漫游方式，对眼下走马观花的旅游者是个提醒。

感觉的丰富性乃是一切生活质量的前提。

苏轼不敢有作文之意

途中,三苏父子得诗赋一百篇,编为《南行集》。苏轼小序云:"自少闻家君之论文,以为古之圣人有所不能自已而作者。故轼与弟辙为文至多,而未尝敢有作文之意。"

苏轼的文章写得那么好了,尚不敢有作文之意。"文章千古事",下笔慎之又慎,惜墨如金。三代(夏商周)圣人述而不作。《道德经》五千多字,《论语》一万多字,《庄子》八万余字。华夏民族之顶级智慧,薄薄的几本书而已。

网络兆亿文字能敌否?

书与书的距离,看来要用光年来计算。

苏轼南行诗云:"游人出三峡,楚地尽平川。北客随南贾,吴樯间蜀船。"

三苏父子弃船换车马,过荆州,赴南阳,再拜诸葛丞相遗迹,著名的南阳诸葛庐在城东二十里。德与智的巅峰人物,唐宋士大夫景仰焉。"丞相祠堂何处寻?锦官城外柏森森。"

苏轼拜谒诸葛亮,从成都拜到荆州南阳,由此可见他的美政冲动。拜屈原亦如是。美政一词,源头在屈原。美政兴奋,访古兴奋,道路兴奋,野地兴奋,村酒兴奋……

嘉祐五年(1060)2月15日,三苏抵达汴京。

"三白饭"与"三毛饭"

抵京后,苏轼和苏辙准备制科考试。苏轼报考"贤良方正能言极谏科",此乃轼此后仕途的伏笔。贤、良、方、正,并且要有犯颜极谏的勇气,不惧龙颜大怒。

京师日子清苦,钱粮无算,十天半月难吃到一顿肉。苏轼又是个好吃嘴,想肉想断肠。

有一天,京城好友刘贡父请他吃饭,他兴冲冲去了。一路上咂嘴巴,想象久违的朋友设宴,好酒好肉随便吃,吃完了还打包,回去让小孩儿尝尝……刘贡父迎他入室,看茶,闲谈古今。苏轼饥肠辘辘,为了这顿晚宴,他空腹而来,午饭都舍不得啃一块馒头。

刘贡父说起状元楼的一道名菜,唤作羊骨酥香。苏轼想:这羊骨都酥香了,何况那羊肉,一咬满嘴流油……嗬,当年在眉山西城墙,兄弟们吃焦皮猪肉全吃笑了。

苏轼一面美滋滋地想,想得美且远,一面却拿鼻子闻。这都掌灯时分了,屋里闻不到一丝肉香。他对肉味向来是敏感的,各种肉,各种做法的肉,逃不出他的嗅觉,尝自诩:狗鼻子也不过如此哦。今日他闻来闻去,却见刘贡父似笑非笑。天黑尽了，茶喝饱了，上厕所上了几回，终于听得厨房有盘子响。

童子终于端了饭菜上来：一撮盐，一碟白菜，一碗白米饭。

苏轼的眼皮子一阵紧翻，连眼白都翻出来了。

那刘贡父正色道："这叫'皛饭'，古已有之。子瞻恐怕没吃过，今日一尝，十年不忘。"

苏轼点头说："哦哦，原来如此！"

古已有之的"三白饭"，转眼间吃个精光。苏轼拱手告辞，刘贡父含笑相送。

半年过去了，苏轼回请刘贡父。贡父心想："世间有比三白饭还简单的饭菜吗？或许子瞻得了欧阳公送的上等酒肉，请我去同吃同醉，也未可知。"

刘贡父抱着希望，去了苏轼居住的怀远驿，少顷，感觉不对头。他上厕所，趁机走了一圈，厨房空空荡荡，连一棵白菜都没有。莫非子瞻请他下馆子？

刘贡父饿了，尽量往好的方面想。可是凭直觉，这个苏子瞻要捉弄他。

刘贡父左等右等，苏子瞻一味稳起。刘暗吞口水，苏佯装未见。

刘贡父终于忍不住，问："子瞻啊，你请我来，这饭菜……"

苏轼笑道："我准备了一顿'毳饭'，你肯定没吃过。"

苏轼挥笔，写下一个"毳"字。

博学的刘贡父也想得远了:"莫非子瞻请我吃三种带毛的野味?"

那苏轼却说:"盐也毛,菜也毛,饭也毛。这叫毳饭。"

开封人的口音,"毛"与"没"同。

刘贡父傻了眼。他大老远赶来,连一顿三白饭都吃不成。这回去的路上指定饿得东倒西歪,于是,讨要一个馒头充饥。苏轼摇摇头,又笑了:"这毳饭,你尝一口,二十年不忘。"

刘贡父骑驴三十里,归去,只觉得前胸贴了后背。冷风疏雨潇潇的,饥寒交迫啊。

君子固穷

苏轼在眉山有过穷日子，担心米缸子舀空了，担心吃了上顿没下顿。程夫人节衣缩食，半夜挑灯缝缝补补，乳母任采莲吃厚皮菜大箸"抬"（眉山土话），偷偷吃菜根，却把粗粮馒头塞到小苏轼的枕头下。正在吃长饭的苏轼半夜饿醒了，忽然闻到馒头香……

对苏东坡来说，"贫贱不能移"这类话是进入了内心的。

孔子说："君子固穷，小人穷斯滥矣。"小人穷了就乱来。

后来，苏东坡到密州（今山东诸城）做太守，斋厨索然，十天半月才勉强打一回牙祭。官府是有招待费的，叫公使钱，苏太守都拿去救弃婴了，他用自己的俸禄奖赏有功的官吏，但官吏们禀告说："市场上买不到什么东西。"

杭州三年酒肉太多，密州市井寥落。

通判刘廷式对苏太守说："使君来密州，忧愁操劳，饮食不周，人在壮年白发生啊。"

苏太守笑道："有办法。"

刘廷式纳闷："有啥办法呢？牛羊猪又变不出来。"

第二天，苏东坡拉着刘廷式，各扛一把锄头，沿旧城挖野菊和枸杞，以及别样野菜。太守吃得津津有味，通判有些勉强，吞几回才吞下去。

百姓说："太守吃蝗虫，我们就吃蝗虫；太守吃野菜，我们也吃野菜。"

密州的土地并不贫瘠，山也不高，植物漫山遍野。苏轼研究医、药，懂得百草，他需要克服的只是野菜的味道。他是一方大员，他吃野菜吃得香，下属们就能咽下去。

野菜一吃三个月，有趣的现象发生了。苏轼致信友人曰："近来貌加丰，发之白者，日以反黑。"杭州吃酒肉，人瘦了；密州吃野菜反而长胖了，白头发转黑头发。

在艰难的年月，苏东坡与密州十万户百姓共渡难关。

苏轼《后杞菊赋》："余仕宦十有九年，家日益贫，衣食之奉，殆不如昔者。及移守胶西，意且一饱，而斋厨索然，不堪其忧。日与通守刘君廷式，循古城废圃，求杞菊食之，扪腹而笑。"

一年清知府，十万雪花银。历朝历代，贪官、庸官之多，谁数得清？

苏东坡的仕途起点高，做了十九年的官，"家日益贫"，他的俸禄花到哪儿去了？朋友们知道，凤翔、杭州、密州的百姓都知道。

从京城来了一位致仕（退休）的高官，乔太傅，做过皇帝老师的。此人几十年吃山珍海味像吃萝卜小菜，七十多岁了，皮肉像春蚕。退休了，南方走一走，北方看一看。走走停停看看,吃吃喝喝玩玩,带走土特产。

刘廷式请示苏东坡:"这乔太傅吃惯了玉盘珍馐,我们如何接待他?"

苏东坡说:"炒几盘好野菜。"

刘廷式表示为难。苏东坡拍拍对方的肩膀:"廷式啊,这是个机会。"

乔太傅来了,官府设宴。席间,一盘野菜又一盘野菜,苏东坡大箸大箸地"抬"(眉山土话),乔太傅小口小口地试。酒杯又小又浅,下酒菜还是野菜。

乔太傅不高兴了。苏东坡谈笑风生。

宴罢,乔太傅问刘通判:"我得罪过苏子瞻吗?酒杯这么小,连山东炒豆子也不来一盘。"

刘廷式叫苦:"太傅,天旱豆苗稀啊。"

接下来的三天,乔太傅看了育儿院,看了官吏们的饭菜,又造访了苏太守的家。一路默默,偷偷抹泪。是啊,人心都是肉长的。

临走那一天,苏东坡送乔太傅一首诗,佳墨写成条幅。乔太傅千谢万谢,苏东坡的手迹连皇帝都想要呢。他日回转帝京,带进宫夸耀去。

苏东坡的诗中,有两句墨最浓:"请君莫笑银杯小,尔来岁旱东海窄。"

苏轼胖了,官吏瘦了。并不是人人都有吃野菜的好心情,三个月吃下来,有一些人吃得吐青口水,一见菜根就翻肠倒肚。

刘廷式忧心忡忡:"官员们一脸菜色忙公务,恐怕难以持久。"

有官员发牢骚:"苏大人的肚子里有蝗虫垫底,我等腹中连蛔虫都跑了。"

刘廷式找苏东坡,东坡笑道:"莫急,眉山人自有妙计。"

入秋野物肥,野物可不是野菜。野物却在深山里,鞭长莫及啊。文官叹息,武将发脾气。九月秋高气爽,正是狩猎的好时光,可是州府不见太守的踪影。月底,太守匆匆归来,刘廷式报告:"府中大大小小几十个官员,个个营养不良,一半想请病假……"

苏轼问:"有人辞职吗?"

刘廷式答:"目前还没有。"

苏轼笑了:"这些人狗舔油锅嘛,舔又烫,不舔又香。当官的面带菜色好,这才看得见百姓脸上的菜色。"

刘廷式释然了,却笑问:"使君貌加丰,脸色红润,却如何看得见百姓的菜色?"

苏轼反问:"人人吃野菜,却有几个吃得香?"

苏东坡《自题金山画像》:"问汝平生功业,黄州惠州儋州。"

贬谪三州十几年,苏东坡扛住了命运的打击,艺术井喷,佳作纷呈;生活有滋有味,他还帮助当地人,还在惠州为广州人操心，解决了广州十万人的饮水问题。所有这些，都要追溯到他早年在眉山的生活，追溯到他的爷爷、他的母亲和他的父亲。尤其是爷爷的勇气、善良、慷慨、仗义，点点滴滴融在苏东坡的血液里。

苏家的家风是一股利他主义的长风。

殿试在即，苏辙拉肚子

我们回到公元11世纪60年代初。

1061年7月，制科考试即将在京城隆重举行。这种考试不定期，十年或二十年考一次，在进士当中再选英才。仁宗皇帝要亲自阅卷。迩英殿侍读学士欧阳修，举荐进士苏轼参加制科殿试，一时士林翘首，百姓争传。苏辙由知谏院杨乐道举荐。

苏轼形容这种最高级别的考试："特于万人之中，求其百全之美。"

来自各地的进士考生，入住豪华馆驿，挑灯复习功课。

临大考的苏轼是何状态？他在马行桥逛夜市，尝小吃，翻旧书，鉴赏古玩。后来有诗云："马行灯火记当年。"他闲步夜市优哉游哉，苏老泉却在家里急得团团转。原来，苏辙拉肚子，发高烧，大考之前躺下了！

大苏找不到，小苏发高烧，老苏心焦复心焦。一家子都慌了神，妇人们忙着烧香拜佛，忙着扇炉子煎草药。王弗心焦，走出门去望一望又走回来，状如夏风中的西子。

苏轼终于回来啦！可是苏辙拉肚子拉得更厉害了。

大苏进屋瞧一瞧小苏，问了史氏用的药方，然后掉头便走。老苏追着问："轼儿，这深更半夜的你去哪儿？后天就要殿试！辙儿却偏偏在这节骨眼上狂泻不止。"

苏轼说："事不宜迟，去欧阳公府上。"

后半夜，苏轼回住处，只称等候消息。可怜的弟弟还在拉肚子，不时跑厕所。哥哥诊断无大碍，属于普通的腹泻，拉完了，高烧自退。苏老泉不大懂医术，半信半疑。苏轼自去睡了，少顷，响起了鼾声。苏老泉哪有一丝睡意？制科殿试非同小可，一旦高中，仕途起点高哇。

第二天上午，苏辙的腹泻好歹止住了，却是两眼无神，浑身乏力，走几步要人扶。

苏老泉仰天长叹："这就是命！"

苏轼尽量不动声色，心里却在打鼓。明天就要考试，明天啊……各地来京的进士考生们听到消息，纷纷额手称庆："小苏狂拉肚子考不了，大苏六神无主考不好！"

然而，考生们高兴得太早了。正午时分，传来宰相韩琦的命令：由于眉山进士苏辙生病，制科殿试延期！

赵宋立国近百年，这种事绝无仅有。由此可见二苏在京城的风光。

苏老泉听轼儿带回的喜讯，顿时大兴奋，一头冲向辙儿的病榻。

刚才还病歪歪的苏辙，从床上一跃而起，精神抖擞了。

苏东坡考了百年第一

万众瞩目的制科殿试,延期十五天后举行。考试规定,论文的字数不得少于三千字,而苏轼写了五千五百多字。

担任主考官的司马光,看苏轼的论文一看三叹:"奇才,奇才,奇才!"

仁宗皇帝朱笔一挥,录为三等甲。

一百多年来,制科殿试,一二等皆虚设。有一个叫吴育的人考过三等乙,而苏轼为三等甲,居百年第一。两京士林沸腾,朝廷百官索要苏轼的文章甚急。苏辙入了第四等。

仁宗皇帝激动不已,对曹皇后说:"朕为子孙后代,得了两个清平宰相啊。"

仁宗传旨嘉奖:"天下好学之士多出眉山!"

欧阳修设宴于状元楼,为二苏庆贺,京师名流云集。四年前,苏轼高中进士榜,乃是事实上的状元,如今考制科入三等,皇帝视之为未来的宰相。席间,却有不附和的声音,群牧判官王安石说:"如果我是主考官,我就不会录取他们。"

欧阳修听了皱眉头。司马光深看王安石一眼。苏老泉狠狠盯着王安石。

王安石称:"蜀中千年无人,乃是英才的不毛之地。有个司马相如,骗财骗色而已。"

苏老泉直想挥老拳了。

觥筹交错之间,赞声不绝之际,王安石在他的位置上一动不动,终席,滴酒不沾。他的师尊欧阳修也不来劝酒。王安石不饮,据说连皇帝都莫奈何。

欧阳修对苏轼说:"东京士人夸你是双料状元,百年第一啊!"

梅尧臣插话:"欧阳公特意选在状元楼,为你大宴宾朋。"

苏老泉急忙拿眼睛去看王安石,后者倒是未发杂音。他似乎在睡觉,状如老僧入定。

欧阳修又说:"子瞻啊,你要牢记八个字。"

苏轼朗声道:"贤良方正,能言极谏。"

王安石突然醒了,"目如射"。

苏东坡考得这么好,与他早年在眉山用功大有关系。父母、两个老师教他读书。亲爱的爷爷引导他读书,奖励他张武笔、张遇墨,赞赏他的第一篇文章《却鼠刀铭》……

"苦寒念尔衣裘薄，独骑瘦马踏残月"

苏轼出任陕西凤翔府签判，宋代官制，府高于州。签判一职相当于知府的副手，拥有与知府共同签署文件的权力。而一般进士要从县尉、主簿之类的小官做起。苏辙送哥哥到郑州，又从郑州出城二十余里。一辆车，几匹马，车内是王弗母子与侍婢。时公元1061年11月19日，中原寒冷的早晨。苏洵和任采莲留在汴京。

苏轼的仕途起点高，俸禄比较厚，但此时心情并不好。凤翔远离汴京一千多里。父子、兄弟一别，再聚首遥遥无期。苏辙从小跟着哥哥学，跟着哥哥玩，未曾一日分离。他又不如哥哥健壮，高而瘦，少言寡语。兄弟二人，一豪壮，一内敛。

苏洵写过短文《名二子说》，分析两个儿子的性格差异。

朝廷任命苏辙为商州推官，却被负责"撰词头"（起草任命书）的王安石拦下。

天边挂着一弯残月，苏辙骑瘦马，一路默然而行，笑容勉强。他和哥哥相处的时间远多于父母。百里送别黯然神伤,他委实高兴不起来。他身边有一条汉子倒是难掩喜色,这个人叫马梦得。

苏辙拱手而别。哥哥望着弟弟的背影,弟弟不回头。只怕一回头,他忍不住落下男儿泪。小时候他但凡受了欺负或受了委屈,总是哭着去找哥哥。

苏轼后经渑池为苏辙作诗:"人生到处知何似,应似飞鸿踏雪泥。泥上偶然留指爪,鸿飞那复计东西……"

苍茫中原,辽阔野地,朔风吹得老树弯腰。苏轼登高,遥望远走的弟弟。"登高回首坡垅隔,但见乌帽出复没。苦寒念尔衣裘薄,独骑瘦马踏残月。"

苏辙一个人,孤零零打马回汴京。

一百多里路,苏辙不停地念哥哥。

这一别,千余日。

漫长的古代,离愁别绪多多,与之相应的诗词数不胜数。

凤翔雪地，有古人埋藏的丹药

苏轼在凤翔居于签判官舍，有个院子，盛开着三株梅花。

他在凤翔始与文同游，文同是大画家。苏轼画竹、画梅，颇受文同的影响。他花十万钱买了吴道子画的四扇佛像门板，献给嗜古画的父亲……

凤翔下雪了，院子里铺了厚厚的一层白雪。一家主仆闲坐火炉旁，王弗做着针线活。苏轼又提起商洛县令章子厚，说几个月未见面了。夫人王弗只不作声。

小儿苏迈惊叹："八尺大汉章县令，不怕虎、不怕鬼、不怕死啊！"

夫人王弗摇了摇头。苏轼也不再问她的意见，把卷火炉边，瞅着窗外的好大雪。

《苏轼年谱》："轼有所为于外，君未尝不问知其详。"后来王弗去世，封崇德君。

王弗对丈夫结交的朋友逐一观察，觉得大都是好的，唯有章惇、张琥，她没有好印象。苏轼不喜欢上司陈希亮，王弗并不附和。这位"敏而静"的夫人话不多，却中肯，她一般不说第二遍。响鼓不用重槌,她的苏子瞻大抵是一面响鼓……

雪落无声,"炉香静逐游丝转"。抛书人对三株梅。苏轼忽然发现,有一处地面不积雪,这可有点怪。于是起身出门去细看,"疑是古人藏丹药处"。强身壮体的丹药性热,积雪不化。对炼丹着迷的苏轼,拿起锄头就要挖,王弗止之曰:"使吾先姑在,必不发也。"先姑指程夫人。

苏轼记云:"轼愧而止。"

当初在眉山,苏家院子现大瓮,瓮中可能有许多珍宝,而程夫人命人以土塞之。

贪心人皆有之,重要的是及时发现,加以纠正。

苏轼小时候被母亲纠正了一次,长大了,做显官了,又被妻子纠正了一次。

孔子说:"吾日三省吾身。"看来自省还不够,得有旁人提醒。

俗话说:"听人劝,得一半。"

王弗催苏轼动身

王弗十六岁嫁给苏轼，五年后得一子苏迈，其后再未生育。她身子弱，气血不足，也许在凤翔有过身孕，流产了。她一个弱女子，性格却像程夫人，为人向婆婆看齐。她注视着自己的丈夫，想要施加某些影响。程夫人生前可能嘱咐过她。嫁苏轼十一年，她大约九年和丈夫在一起。

眉山气候温润，凤翔的四季温差大，雨水不多，冬季严寒，冰天雪地。肉食也异于西蜀。苏轼强壮，能够适应这样的环境，王弗比较困难。牛羊肉性热，而她在眉山吃惯了猪肉。

1064年，苏轼在凤翔的任期满，朝廷召他返回汴京，差判登闻鼓院。宋代官制，初仕曰"磨勘"，取磨炼、勘察之意。文官磨勘三年，武官磨勘五年。

靠近年底了，凤翔连日雨夹雪，朔风千里，树木光秃秃，全无一点绿色。秋收冬藏，而人要在大地上挪动。王弗偏又卧病，苏轼决定推迟行期。

苏轼写诗："忆弟泪如云不散，望乡心与雁南飞。"

兄弟不相见，屈指一千天。弟弟想念哥哥更甚，他在京城一直闲着。父亲忙着编修礼书,身子骨也大不如前了。苏轼赶赴汴京的愿望十分强烈,妻子一病,他改变了主意。

所谓夫妇恩爱,细节最能体现。夫人王弗硬撑了身子,大口吃饭,快步行走于庭院,往脸上涂胭脂,以示她肤色红润。她说病已好了,可以动身了。她连日说了好几次,还一把抱起六岁的儿子苏迈……于是,苏轼决定动身。

一家子的车马未到长安,雨雪更大了,道路泥泞不堪,弯弯曲曲望不到尽头。大河小河结了冰。刺骨的寒风一股股吹进车厢,王弗紧紧搂着儿子,为儿子挡风。母为子,天上落刀子也要挡……

一行人夜宿华阴县。王弗整夜咳嗽。

到汴京宜秋门附近的南园,她又躺下了,有气无力的样子。苏轼请来大夫给她瞧病。将息了半月,王弗气色渐渐转好,却又下床忙起来,收拾南园的这个家,种菜喂鸡,给儿子讲书本,替丈夫洗官衣,为公公跑药铺。苏轼骑马到登闻鼓院上班,也是忙得两头见黑。回家饭菜香啊,苏轼听到妻子哼唱欢乐的家乡小曲。其实是哼给他听,叫他放心忙公务。

五月,王弗病倒。中旬,王弗明亮的丽眼永远闭上,满头青丝进了一具黑棺材。

高挑而鲜艳的青神姑娘,非常努力的好妻子,未享几天福,忽然一病西去。千呼万唤唤不醒。

王弗年仅二十七岁。

《江城子·乙卯正月二十日夜记梦》:"料得年年肠断处,明月夜,短松冈。"

苏老泉"加油干",亡于京师

王弗去世后不到一年,苏洵亡,享年五十八岁。苏序活了七十五岁,后来任采莲活了七十二岁,苏辙七十四岁。

老处士苏老泉受欧阳修的赏识,得以不试而官,为朝廷编礼书,格外勤奋,加油干。三年累下来,积劳成疾,终于不治。他兴奋,乃至亢奋,于是勤奋,抓住来之不易的机会,一展平生抱负,报欧阳公知遇之恩。他连年加油干,干到油枯灯灭。

"加油干"三个字,让古往今来的多少人失掉性命。

中年以后,凡事悠着点。

苏洵偏爱战国的纵横家,对老庄的平和冲淡察之未详。立功立言之志过于强烈,不怕费周折,不顾病且衰,执意要干出一番名堂。这类强力意志,形成了古今太多人的生存盲点,苏洵是其中之一。孔子、孟子一生激烈,却懂得"申申如也,夭夭如也"(通体舒展貌)。

孔子,七十三岁;孟子,八十四岁,寿同庄子,逊于墨子。

思想家们长寿。

老子约有百岁,那神仙般的飘逸身影,那大智若愚的生存姿态,一万年提醒炎黄子孙。

苏老泉的三点贡献

一是年轻的苏洵几次远游,把外面世界的精彩带回眉山,讲给两个儿子听,大大刺激了儿子的好奇心。

二是苏洵想方设法搭建了一流的交游平台。

三是苏洵丁父忧回眉山后,十年不复远游,埋头苦读,严格教诲苏轼、苏辙。

苏洵大约不爱说话,心声付与家传的雷琴;写诗填词一般,对绘画感兴趣;对佛祖虔诚。他的性格既不像父亲,又不像苏轼。他长期不得志,总有点郁郁寡欢。儿子成功了,但儿子是儿子……

三苏父子,二人沉默寡言,一人滔滔不绝。

苏东坡不提雷简夫

雅州太守雷简夫有恩于苏家,但苏东坡出川后不提雷简夫,苏辙也不提。据《苏轼年谱》,雷简夫的为人有劣迹,替坏人说话,混淆是非。

苏东坡对张方平、欧阳修感恩戴德,却于雷简夫,几十年不置一词。

苏东坡不提雷简夫,耐人寻味。

眉山苏家几代人,首重道德。当时的大环境也是好的。苏家人并非异类。

社会风气对家风家教的影响是决定性的。

苏东坡栽松三万棵

公元1066年,苏轼归眉山丁父忧,又是近三年。在埋葬着父母和妻子的苏坟山,他先后栽松三万棵。松木和词语一样,都是一种超越时光的表达。松风乃是怀念的长风。

苏轼写道:"手植青松三万栽。"又云:"吾性好种植。"

苏轼结庐于山上,为父母守墓。有时堂兄弟们和他一起守,有时他一个人。白天种树,夜里看书。有大月亮的晚上,他在山道上散步。村里的农户熄灯了,一轮明月高悬于碧空。宇宙浩瀚,人渺小。逢着月黑天,苏轼守着一盏青灯看书,文字把思绪弹射到很远的地方。

书卷是什么?书卷是精神弹射器。

太阳升起了,苏轼弯腰栽松树,挖土培土,挥汗如雨。早晨的阳光洒在树苗上,清风又来吹拂。七八天就会有一场透雨。蜀中绿野千里,冬季也是郁郁葱葱。

苏轼拿锄头的手臂肌肉如铁。农家后生掰手腕掰不过他。脑子灵,肌肉硬。劳心的俊杰,劳力的好手。二者互补,相得益彰。干体力活的时候脑子并不空,不过,长年累月干重活,脑力就下降,神态趋于麻木。

劳动者苏轼,三四岁就在家里帮母亲干家务,跟爷爷学种树。

精神强大者,一般都有一副好身体。"文明其精神,野蛮其体魄。"

小孩子干活,单凭兴趣是不行的。父母引导他,点点滴滴地做,养成动手的习惯。好习惯养成了,一辈子受用不尽。

苏轼守墓于山中,七七四十九天,跟山上的农民搭伙,不止一家农户。夜饭摆在院子里,边吃边聊天。狗趴鸡走猪打盹,天上的星星眨眼睛。繁星满天,连地平线上都挂满了,人与天地浑然一体。山民忽然说起山鬼,漂亮女鬼,苏轼的耳朵与汗毛都竖起来了。

一日凌晨,苏轼在草庐中睡得正香,梦中与王弗携手,到青神县的瑞草桥去踏青。他听得门外有响动,跳起身来追出去。却见王弗墓旁有个黑影子一闪,往山下奔去。苏轼拔足追那黑影,追了二三里地追不上。黑影一度停下来,似乎有意逗他。他狂奔,黑影移动的速度总比他快。

苏轼无奈,往回走,发现王弗墓旁多了三棵松苗,还留下了一把铁铲。

苏轼寻思:会是谁呢?

几天后,程夫人的墓碑旁又多了三棵松苗。那把铁铲不见了。

王闰之

　　王弗的堂妹王闰之，在青神县众多王家姐妹中排行第二十七，人们叫她"二十七娘"。苏轼续弦，娶王闰之为妻，但丁忧期间不能结婚，只能定亲。西蜀的风俗，未过门的媳妇可以先到夫家，帮着料理家务。二十七娘当时二十一岁，活泼、勤快，一进厨房忙半天。苏轼换下的孝服，她洗得白白净净的。五亩园中她踮起双脚晾衣裳，高挑身材宛如王弗。

　　苏轼在书房南轩朗诵欧阳修的小词，二十七娘立在窗下听，少女的身子挺直了。看来身姿是首要的，应该亭亭玉立。

　　任采莲问她："你听啥呢？"

　　二十七娘偏了头，一笑答："状元哥哥在唱歌呢，唱了一遍又一遍，真好听。"

　　任采莲乐着走开了，舒展的皱纹像园子里的花朵。

　　二十七娘收拾书房，把横七竖八的书卷弄整齐了。第二天再去，发现那些书卷恢复了原状。她蹲在花树下，托腮琢磨：状元郎的书不一样哦，放整齐就不对头。

　　干完了家务事，二十七娘坐在墙角的小板凳上，一遍遍练习唱歌，仰起脸儿俏。夜里她在灯下俏，做女红的纤手像姐姐。

她学王弗姐姐，拿着书卷在屋檐下来回走动，有一回把书拿倒了，还展示给人瞧。苏轼不说什么，奶娘也不说什么，史氏在门帘内抿嘴一笑。丫头们挤眉弄眼。

黄昏里，二十七娘打秋千。"黄昏疏雨湿秋千。"

她无端跑起来，拐过墙角回头一俏。她悄悄"对镜帖花黄"……

婚事是已故的公公定下的。

她没有公公婆婆，把任采莲认作婆婆。任采莲给她讲程夫人的故事，讲王弗，也讲苏家的先辈们。她听得十分认真，扑闪着一双大眼睛。她跪拜祖先的祠堂。她事无巨细地照顾姐姐的儿子苏迈，总让苏迈吃好，干干净净上学堂。她努力做好后妈，练习做亲妈。

王闰之先后生了两个儿子：苏迨、苏过。苏过，取颜回不二过的意思。

向上的家庭总有良好的氛围。苏东坡填词赞美王闰之："三子如一，爱出于天。"

苏东坡的三个儿子皆孝顺

苏东坡的三个儿子皆孝顺,并且有出息。古代、近现代的父子关系、母子关系总体是好的,不孝的少,孝敬的孩子占绝大多数。良好的大局之下,孝与敬弥漫于日常,无声无息,一般不需要长辈强调。所谓儿女逆反,并无生长的空间。当下却是个大难题,处处剪不断,时时理还乱。

形成良好的家风不易。期待长远吧。90后、00后、10后,总会好起来。

苏轼五十九岁从定州贬谪惠州,只能带苏过去岭南,家里的仆人和丫头各得一些钱,分头去了。主仆一场,亦是不舍。姑苏城外寒山寺的钟声,一声声敲着别离。

侍妾王朝云的去留,苏东坡先让她自己定。朝云淡淡地说:"有啥好定的。"

王朝云进苏家二十年了。在徐州,她成为东坡的侍妾。她是东坡的缪斯……

平日里,朝云只称先生,不叫子瞻。亲昵时混叫一气,又当别论。现在她正正经经说话,丽眼格外明亮,这一回,子瞻要听她的。不听可不行,必须听。两个"必须"撞一块儿了。亲爱者面对面针锋相对。东坡终于让步,同意她随行。这一让,后来他悔恨不已……

那么,一起走吧。漫长的贬途尚有千里之遥。

"许国心犹在，康时术已虚"

苏东坡一遇逆境就反弹，豪气自然生发。中年贬黄州，豪气来得慢，当时他完全蒙了。而在贬惠州的途中，人已抖擞精神。人如提线木偶，被朝廷的几双弄权手一提几千里，倒是激发了他的潜在能量。眉山苏家的男人们谁是软蛋呢？苏杲、苏序、苏洵，三代，俱是雄性十足。皮球往水里按，按得越深，弹得越高。

苏东坡又有万卷书做底气，有贤良方正做座右铭。

他赞赏秦少游："其行方，其言文，其神昌。"许多士大夫是反对圆滑的，可见时代风气。人是氛围中的人，苏子不例外。目睹并亲身经受了盛世转末世，其反抗，越发显得苍凉悲怆。

艾略特《荒原》："四月是残忍的季节，原野上盛开着丁香花。"苏轼出定州，恰是鲜花怒放之五月，却满目荒凉。

孔子暮年叹曰："吾道衰也！"孔子这是大拒绝，拒绝认同春秋三百年。

苏东坡不能认同乱臣贼子。贬途苍茫，骨肉飘零，他不会考虑给章惇写一封求情的书信。这不可能。活成这样了，勇士不可能变成鼠辈，英雄不可能变成狗熊。

与乱臣贼子为伍是不可想象的。浩然正气与歪风邪气不两立。

子孙们在身边，苏东坡要做个好榜样。

不诉苦，不求情，不与小人同流合污，苏东坡付出的代价极为沉重。那就栖身于沉重吧。逼近苏东坡的苍凉心境，方能掂量沉重之为沉重。

思维半径大，忧思深且远。不仅为一己，一家族。

八月，苏轼到豫章（江西南昌），赣江三百里等着他的孤舟。他写下《南康望湖亭》："八月渡长湖，萧条万象疏。秋风片帆急，暮霭一山孤。许国心犹在，康时术已虚。岷峨家万里，投老得归无。"精神受刺激，风物处处沉痛，逼入眼底。康时，犹"匡时"，宋讳"匡"。许国之心，四十年来坚如磐石，救世却已无能为力。战士被解除了武装，智者日日夜夜在流放。

《八月七日，初入赣，过惶恐滩》："七千里外二毛人，十八滩头一叶身。"

《慈湖夹阻风》五首（其五）传为名篇："卧看落月横千丈，起唤清风得半帆。且并水村欹侧过，人生何处不巉岩？"

生命冲动受阻而冲力越强，越挫越勇，"沧海横流，方显英雄本色"（郭沫若）。

苏东坡类似与风车战斗的堂吉诃德。

"人能够被毁灭,但不能被打败。"(海明威)

韩愈说:"楚,大国也,其亡也,以屈原鸣。"

宋,大国也,其衰也,以苏东坡鸣。

苏子过大庾岭

九月,苏东坡过大庾岭。岭在今之江西省大余县南,广东南雄市北,号称大庾五岭,分隔中原文明与南国炎荒。元祐逐臣多,苏东坡为最。浙西做知州的张耒派来两个士兵护送,苏轼写信谢曰:"来兵王告者,极忠厚。当时与同来者顾成,亦极小心。"

一行五个人,深秋时节过岭,要走五六天。持械的士兵小心护送,防野兽和剪径的山贼。章惇没料到这个,他远在京师,害人的细节也不能谋划周全。此前,苏轼试刀看剑,苏过枪棒不离身,为过大庾岭做一些准备。荒山野岭,路是没有的。茅屋孤光,却见逐臣挥笔。

《过大庾岭》:"浩然天地间,惟我独也正。今日岭上行,身世永相忘……"

人在岭上望青天,慷慨激昂,可见刺激之深,南行半年未得平息。诗人调动词语以应对他的处境,字字潜辛酸。天地云云,是要把他本人放在宇宙中去打量,向庄子看齐。

道家智慧,有解厄之功效,"寄蜉蝣于天地,渺沧海之一粟"。

好句子通常是命运倒逼的产物。命运的低谷反指艺术之高峰。

顶级的汉语艺术无一例外乃强大者的艺术。

小诗人如何扛得住风狂雨疾？只消几滴雨，人就跑没影了。

大庾岭上有一座古刹，苏轼晨起沐浴，题诗于龙泉钟。诗人漫步于山道，发现树林中有个蓝衣小袖女子挎竹篮，正在伸手采蘑菇，身姿娴雅。谁说岭南不好呢？

朝云诗

苏东坡贬岭南，最是感激王朝云。为一个女人写诗，先后写了十多首，大半是传世佳作，古今罕见，在唐宋六百年的诗人中绝无仅有。这个摆在明处的现象，学者教授们闪烁其词，课堂上横竖不讲，书本中片言带过。千年礼教之惯性依然在焉，真是对不住这位美好女性。

年轻的王朝云赴惠州，不惧赴死。苏东坡是她的全部亲人，她的丈夫、她的父亲、她推心置腹的朋友、小鸟依恋的情郎、撒娇撒欢的雄壮男人。有些事她不说，只做。随郎万里，这是一颗勇敢的、滚烫的芳心。谁知晓这温度？苏东坡。苏轼《朝云诗》后四句："经卷药炉新活计，舞衫歌扇旧因缘。丹成逐我三山去，不作巫阳云雨仙。"

朝云学佛念经，又学做养丹女。舞衫歌扇偶尔一用，琵琶洞箫并不蒙尘。巫山云雨，氤氲调畅，丹药令人飘飘欲仙。朝云这年龄，正是珠圆玉润的好时光，面如散花天女，舞蹈身材挺拔而柔软。

黄州时期的王朝云青春勃发，灵动飞扬，田野上罗袜起芳尘，苏东坡未留下只言片语。家中丽人道不得，词笔挥向徐大受的侍妾王胜之。爱情未能显现，礼教尚有无形的束缚。也许他不叫闰之夫人吃醋吧。如今到惠州，苏东坡目注王朝云，看到一颗坚定的心，这是比容貌、体态、舞姿更令人感动的，大庾岭上闲采蘑菇，一双山林玉手，已是完美雕塑。

1095年的端午节前一日，苏东坡向爱侣献上一首《殢人娇》："白发苍颜，正是维摩境界。空方丈、散花何碍。朱唇箸点，更髻鬟生彩。这些个，千生万生只在。好事心肠，着人情态。闲窗下、敛云凝黛。明朝端午，待学纫兰为佩。寻一首好诗，要书裙带。"

朝云的日常举止趋于安静，单纯、无杂念，朝朝暮暮微笑着，这也是她学佛向善的一种心生之相。好事心肠，对别人的事总上心，独于她自己，不大理会的。中国古代、近现代，这类女性真不少，静悄悄在民间绽放，在城市与乡村，在海边，在高原，在草原。温馨是无限的温馨，仁慈是无边的仁慈，体贴是无微不至的体贴。

朝云与东坡居士，向善一焉，无我一焉。价值观层面完全一致。着人情态，她跟谁都是容易接近，轻轻一笑能沟通，相处总是愉快。妙人、丽人、可人，芳心如铁的女人。寻一首好诗，偏叫先生书裙带，她又活脱脱是个女孩儿家。曹雪芹由衷赞美她，看来曹公眼中有个比较完整的王朝云。作家深入女性之日常情态，无人比得过曹雪芹。

漂泊的灵魂有个安放处，王朝云、苏东坡互相安放。

歌德说："永恒之女性引领我们上升。"

须髯如戟

古道热肠的汉子最数陈季常,东坡"中年贬黄州",他七次去看望。东坡"量移汝州",他相送五十天,一直送到庐山脚下。东坡做了紫袍大官,居汴京四年,他消失了。东坡六十多岁贬在惠州,他又出现了,写信说,要从黄州出发到惠州去。

苏东坡回信,责备这个老朋友:"季常安心家居,勿轻出入。老劣不烦远虑,决须幅巾草履相从于林下也。亦莫遣人来,彼此须髯如戟,莫作儿女态也。"

男子汉不仅骨头硬,就连胡须也要硬,坚硬如铁。

须髯如戟,大约是苏轼造的词,建议列入中小学成语词典。

苏东坡一生几百个朋友,素心人非常之多。他对别人好,别人就对他好。

苏东坡最崇拜的陶渊明说:"落地为兄弟,何必骨肉亲。"

厚道、真诚,讲义气,讲信用,与良好的家风是分不开的。

代际孝道不可衰减

苏东坡在惠州建桥、种药、收葬无主的枯骨,王朝云不离先生左右。她心细,凡事考虑周全,不嫌繁杂,不怕累,不惧野草丛中那些交叉的白骨。佛教信徒的善心有钻石之坚,王朝云的这股子心劲不减苏东坡。散花天女到处去散花。

东坡居士、朝云,两棵树,天长日久长成了一棵树。

平日里她伺候先生处处周到,"事先生二十有三年,忠敬若一"。苏东坡凡事喜欢自己动手,栽新树,下厨房露一手,劈柴生火,扫地擦桌子,扛着重物上楼去……

洗衣做饭都是王朝云。叠被铺床,梳头沐浴,收拾卧室与书房,整理先生的文稿、画卷,抄佛典、诵佛经,扇炉子炼仙丹。她还忙着做女红,灯下缝缝补补。以前家里有仆人和丫头,到惠州以后,这位能干的、爽快的、年轻漂亮的女主人,几乎包揽了所有家务。

苏过负责柴房、药圃、菜园子,入夜为父亲梳头,端洗脚盆子。苏家的家规不须挂在墙上,一代代传下来。苏轼写信给朋友们,屡屡提到苏过的孝敬,字里行间洋溢着欣慰。

强大者向来是照拂别人的，但是，大多数人并不是强大者。

代际孝道不可衰减，良好的门风不可式微。

孝道衰减了，良好的门风式微了，谁有好日子过？

孝道是大道

在宋代，孝道是大道。

衡量孝与不孝，千百年来，中国民间只有两个标准：一是想得到还是想不到；二是想得粗还是想得细。这是人性之核心区域永远不变的试金石。不孝者，一般都会遭遇不孝。这叫现世报。民间对不孝者、忤逆者的诅咒是很难听的。比如：忤逆不孝，天打五雷轰。

王朝云，年年岁岁忠敬若一。苏过孝敬父亲，二十多年若一。仅此一点，东坡先生就十分欣慰了。想要尽孝的，还有远在常州宜兴的苏迈夫妇、苏迨夫妇和可爱的孙子们……

朝云笃信佛，爱先生，爱人世间的一切美好之物。

单纯驻颜，何况她天生丽质。美与善相映生辉，一双丽眼闪烁着绝对的善良。

伟人身边有花朵绽放。

1095年的夏天，惠州流行大瘟疫。次年秋，年仅三十四岁的王朝云香消玉殒。左邻右舍都有呻吟的病人，她不忍心，上门去送药，于是染上了。只几天，人就不行了。那一年惠州的瘴毒异常凶猛，六月十五日，苏轼《与林天和二十四首》(十五):"瘴疫横流,僵仆者不可胜计。"

王朝云临死前口诵《金刚经》"六如偈":如梦如幻,如露如电,如泡如影。

她十二岁进苏家,"钱塘人"。她没爹没娘,生下一个儿子却夭折。她学佛向善,却未能寿终,她恒爱先生,却不能再与先生朝夕相伴。一切如露如电,如梦幻泡影。

从口诵"六如偈"看,王朝云临死前是极不甘心的。死亡,突然间收尽她所有的人生努力。

可怜的东坡泣血哀号:"此会我虽健,狂风卷朝霞。"子瞻犹健在,子霞随风去。

东坡经营的药圃种了那么多药,未能挽救眼前的生死伴侣:"驻景恨无千岁药,赠行唯有小乘禅。"几卷小乘佛经送她上黄泉路。杭州的孤女,惠州的孤魂……

苏轼《朝云墓志铭》:"东坡先生侍妾曰朝云,字子霞,姓王氏,钱塘人。敏而好义,事先生二十有三年,忠敬若一。绍圣三年七月壬辰,卒于惠州,年三十四。八月庚申,葬之丰湖之上栖禅山寺之东南……"

苏东坡作《西江月》,献给他黄泉下的爱人:"玉骨那愁瘴雾,冰肌自有仙风。海仙时遣探芳丛,倒挂绿毛么凤。素面常嫌粉涴,洗妆不褪唇红。高情已逐晓云空,不与梨花同梦。"

皇家赠送的粉盒,朝云从来不用。丽人嘴唇永远鲜红。朝云驾云彩回仙宫……

苏东坡向善，他身边的几十口人都向善。他是美好生活的引领者，是文化人的先行者，是百折不挠的强大者。他不仅引领苏家，他的高风亮节足以引领任何时代。

苏杲至孝，苏序至孝，苏洵至孝，苏轼至孝，苏过至孝……

今天，孝这个字眼大起来才好。

孝与敬，是维系任何家庭的最大的正能量。

民间总结：不孝要遭报应。

程夫人生前，常在东门码头眺望

让我们回到公元1067年，苏轼、苏辙兄弟在眉山丁父忧。这一年苏轼三十二岁，苏辙二十九岁。几年间，苏轼的父母、娇妻俱亡。尤其是王弗，那么年轻就去了。

苏轼筑庐守墓，一身孝服。他往返于墓园与家园之间，八岁的儿子苏迈跟在后面。他们坐船过岷江，眺望浑阔的江面。过了江，苏轼坐在东门码头的大榕树下，良久不语。

眉山父老告诉他，程夫人生前，常在码头上眺望，王弗在婆婆身后……

古榕树巨大的树冠下，苏轼喝着竹缸盛的酽酽的老鹰茶。码头上的茶摊不收钱的。行路的人口渴了，拿起竹缸子痛饮。

苏轼想母亲，苏迈想奶奶。任采莲讲了很多程夫人的故事，苏迈铭记了，点点滴滴在心头。路过城里的程府，苏迈不看程府一眼。小男孩儿心里有恨，恨那个程之才。而父亲并不解释当年的事，叹气而已。

夏日里，苏轼携苏迈过岷江，古树下喝一缸老鹰茶。

父亲坐着，儿子站着。这是苏家的规矩。苏轼一向随意,儿子站了一会儿,坐下了,向父亲做个鬼脸。码头上颇热闹,小贩们叫卖穿梭。

苏轼眺望波翻浪涌的岷江。五棵古榕下的父老们瞅着苏轼。

眉山城里的人都认识苏轼。儿童皆知苏家故事……

苏轼过江,几乎每次望江水不语。苏迈望父亲。

"不思量,自难忘。"

母亲生前的艰辛是慢慢浮现的。十年前,苏轼不知家里生计之艰。十二年前他还闹出走,要进深山做道士……如今他懂事了,而母亲早已在黄泉。

苏轼不觉流泪,旋即抹去。苏迈看见了。

苏轼在眉山城朝夕独行

丁忧期间,苏轼常常一个人转悠,大街小巷行遍。沙縠行是眉山人做布帛生意的一条小街,苏家当年租的铺子已经换了店主。那些年,程夫人进货卖货,站柜台,还要照管几个孩子,孝敬公婆,忧心远方游荡的丈夫……

苏轼想要还原母亲生前的日常形象,发现做不到。很多事,母亲并不讲。

进京考进士的那一年,眉山的家破败不堪,穷日子望不到头。田租断了,生意不好,程夫人又卧病,请不起郎中,买不起好药,更兼营养不良,身子越来越弱。生长于富贵人家的程夫人一天天瘦下去,两个儿媳妇垂泪而已。任采莲跑到城墙下大哭。

苏轼问乳娘,乳娘摇头,不提当年的辛酸细节。也许程夫人叮嘱过。欢乐的事情,美好的回忆,乳娘倒是一说再说,有时候添枝加叶。王弗伴随夫君的几年也是这样。史氏也这样。

坚定不移朝着美好,这是苏家的门风。

从下西街到正西街,到府街、东街、桂香街、猪市街……苏轼不知道自己走了多少回。宝华寺、火神巷、小石堰、文庙街、天庆观、西城墙、老翁泉,他严寒酷暑也去徘徊。

父老议论说:"子瞻这娃,舍不得家乡。"

在眉山城,苏轼、苏辙不骑马。于是,一些有身份的人也不骑马。

老人犹敬老,眉州之风俗。苏轼做官了,有大出息了,在自己的家乡一点都不张扬。

底气源于家风,而家风是带了情感温度的。

苏轼骑爷爷骑过的青驴子,穿过麦浪翻滚的七里坝,细雨淋湿了他的思绪,每一滴雨都有亲爱的、亲爱的爷爷。艳阳天、雷雨天、阴阴天、雨雪天、繁星天,都有爷爷。嗬,爷爷多么有趣啊,爷爷是个搞笑天……

麦田的深处苏轼箕踞,举目望青天。俄顷,他的长身坐正了。田埂笔直皆青草。五月的熏风吹起他的素服。

杨济甫、巢元修

苏轼与杨济甫、巢元修、程六、苏不欺、苏不疑、苏不危等，隔几天要聚一次。眉山话叫"钻拢"，一起吃饭喝茶或是远足野地。陶渊明说得好啊，"闲暇辄相思""相思则披衣"。杨济甫好酒量，巢元修从未喝醉过，苏轼有孝在身，不饮，闻闻酒香而已。眉山有的是好酒，待除服之时，朋友们钻拢剧饮三天……

苏家的坟墓托付给杨济甫照管了。此后几十年，苏东坡与杨济甫书信往来。

苏家墓园保存千年，杨济甫家有大功。今日苏家墓园，在眉山城东郊十余里，松树满山丘。苏洵、程夫人、王弗长眠于此。据《苏轼年谱》，苏杲、苏序的坟墓在修文乡。

巢元修是文武双修的处士，说一不二的男人，铁骨铮铮的汉子。他比苏轼大九岁，长期习武使他显得特别精神。他有家室了，生子曰巢蒙。巢蒙与苏迈、苏迟一块儿玩。

三十多年后，苏东坡被贬海南儋州，子孙满堂、白发萧然的巢元修从眉山出发，不远万里去看望，却累死在广东的新州……

古道热肠的男人，民间讲义气的英雄汉，眉山最数巢元修。眉山人要记住他。

苏东坡做高官二十年，巢元修是不现身的。苏东坡艰难之时，这个男人总会出现。

苏轼、苏辙离开家乡

宋神宗熙宁元年(1068)秋,苏轼和苏辙丁忧期满,返回汴京。这一次离开家乡,是否还能回来,真是难以预料。苏家从唐朝武则天时期迁居到眉山,已有数百年。

"多情自古伤离别,更那堪,冷落清秋节。"(柳永)

别了,眉山;别了,五亩园;别了,南轩书房。还有天庆观、寿昌院、西城墙、童年戏水的小石堰、麦浪无边的七里坝、金桂酿酒的桂香街、人头攒动的火神巷、香火旺盛的宝华寺、学子苦读的孙氏书楼……苏轼并不是一个多愁善感的人,但行期迫近,难免伤离别。

有一天黄昏时分,他看见弟弟独自在五亩园的墙角垂泪。

家里天天有客人,从知州、县令到学堂先生。杨济甫、巢元修天天来。王闰之夫人的弟弟王十六干脆住进了苏家。罗家三兄弟也上门送礼物,包括三只母鸡。苏、罗大笑。

半夜三更,苏轼被朋友们拉出去喝酒。有时一日几台酒。三十出头的苏轼酒量尚可,后来渐渐不行,自嘲"把盏为乐",玩他自创的荷叶杯,别人饮一海,他喝一小杯……

大文豪却是小酒量，历代唯有苏东坡。

巢元修喝醉了，在院子里表演醉棍，端的好本事，那罗小儿拜师学艺，纳头便拜，连叩几个响头。杨济甫吹箫，直把月亮从层云中吹出来。

古人赏月佳句："只在浮云最深处，试凭管弦一吹开。"

苏轼把却鼠刀送给杨济甫，把张遇墨送给巢元修，把画笔递给妻弟王十六，把钓鱼竿送给巢蒙……把祝福送给眉山的乡亲们。

那些天，眉山的老老少少没事儿到苏家门前转悠，或打个招呼，或远远近近地瞧着、蹲着。有人家把椅子、板凳搬出来。饭后散步，下西街的居民不约而同往五亩园走。大人带着小孩儿，讲苏家的故事："有一年啊，闹饥荒，苏序老爷子拿出了几千石粮食……"

后来，苏东坡写《眉州远景楼记》，由衷赞美家乡的道德、风俗。

公元1068年秋，苏氏兄弟从眉山东门水码头出发。

此后近千年，三苏家风传天下。

我的邻居苏东坡

眉山地处成都平原的南端。苏洵写诗说:"古人居之富者众。"

两宋三百余年间,仅一个眉山县就出了九百零九个进士,高居全国州县之首。成都(当时叫益州)是不能比的。苏东坡考进士乃事实上的状元,制科殿试又拿了百年第一,所以我称他是宋代唯一的"双料状元"。

这个状元后来干了很多大事,成了家喻户晓的人物。

小时候我不知道苏东坡厉害,他的家和我的家相隔一百多米。他的家八十几亩地,我的家二十几平方米。他一天到晚坐在大殿里,看上去委实有些阴森森哩,大殿外还有一口苏家的井。那井水我喝了不少,甜津津的、凉丝丝的。井边一棵光秃秃的千年黄荆树,据说苏洵用黄荆条打得小苏轼双脚跳。我是眉山下西街出了名的调皮捣蛋的费头子(孩子王),但凡听到苏东坡挨打,就乐得咯咯笑。苏东坡也属于下西街嘛,论板眼儿(戏耍花样)肯定不如我。他挨打的次数也不如我,差远了。当时我在城关一小上学,课余练武功正起劲,崇拜豹子头林冲,认为区区苏东坡不值一提。林冲雪夜上梁山，苏东坡连峨眉山都没爬过。武松醉打蒋门神，苏东坡在乌台监狱里挨几下就痛得遭不住，真是不经打。他酒量差，当然我的酒量也不行。他下棋不行，我下棋还可以。他下河游泳一般般，我九岁那一年就横渡了岷江，弄潮拍浪一千五百多米，浪高一尺啊。他在南轩书房看书，摇头晃脑念子曰诗云，我家没书房，我在后院的柚子树的树杈上躺着看书，看了四大古典名著，看了《铁道游击队》，看了《红岩》，看了《艳阳天》，看了普希金、雨果、托尔斯泰、别林斯基、莎士比亚……

从小学到高中，我跟那个名叫苏东坡的人较劲。

每当爸爸找不到我的时候，妈妈就会说："到三苏公园去看看。"

哦，妈妈。现在是2021年的深秋了，妈妈在哪儿？

三苏公园啊，下西街文化馆，工农兵球场，电影院，招待所，古城墙，我何止去过三千回。一年四季，同学们伙起，一个个勾肩搭背，东耍西耍，淋坝坝雨、淋阵雨、暴雨、偏东雨，享受大风中的那种近乎窒息的感觉。爬高高树，跳高高墙，比高高尿，呆望永远神秘的高高的夜空。男孩子打架，梁山好汉不打不相识嘛，打出了友谊，也打宽了雄性渠道。

我在说什么呢？说灵动，身心的灵动。

拙作《品中国文人》（五卷），写了历代五十个大文豪，发现早年的释放天性乃他们的共同特征。天性不能释放，创造性是要大打折扣的。学自然科学的学生也不例外。

苏东坡小时候是个"三好"学生：好吃，好玩，好学。他的母亲程夫人，他的乳娘任采莲，平日里做菜变着花样，苏东坡就成了好吃嘴，后来自创了东坡肉、东坡饼、东坡鱼、东坡羹、东坡泡菜……他又把眉山的美食带到江浙一带。我吃上海、杭州的东坡肘子，觉得还是眉山的好。

四川人都好吃，川菜很精细，单是肉丝肉片就有十几种。苏东坡出息了，出川做了大官，牛羊鱼肉吃得多，猪肉吃得少。四十多岁贬到黄州后，他开始研究猪肉，写下著名打油诗《猪肉颂》。他对水果也有研究，在汴京南园栽石榴树，在江苏宜兴栽橘树三百株，在广东惠州尝试栽荔枝、桂圆。他写诗给表弟程六，说："我时与子皆儿童，狂走从人觅梨栗。"我抓住这两句，发现少年苏轼的"狂走"。他上树上房，专摘别人家的梨子板栗桃李吗？

杜甫诗云："忆年十五心尚孩，健如黄犊走复来。庭前八月梨枣熟，一日上树能千回。"

当年我在三苏公园里游荡，惦记着人道是苏东坡栽下的荔枝树，丹荔挂满了枝头，一颗颗的馋人。嗖嗖嗖上树去也，拨开交叉的绿叶，摘了丹荔，剥了皮，一个劲儿往嘴里塞。眉山人叫作吃得包嘴儿包嘴儿，吃笑了。要赶紧的，要眼观六路耳听八方，防着公园的工作人员或园丁。那一年的夏天，那个爽啊，树干上爽歪歪，吃了很久很久，剥了很多很多：大约三十三颗饱满欲滴的红荔枝。左右枝头吃光了，再往上爬，寻思摘他一书包，夜里占营的时候分给下西街的小伙伴们。

忽然间，头皮顶了一团软软的东西，我心里叫声不好，撞上了吓人的野蜂窝。一群细腰蜂在头顶上散开，摆出攻击的扇形，这扇形蜂群我见过的。野孩子到处野，天上都是脚板印。刹那间我纵身跃下五米高的荔枝树，细腰蜂群闻风而动，嗡嗡嗡倒栽下来，有几只直扑我的寸头。大约五六只细腰蜂同时攻击我，头皮痛麻木了，旋即肿了半厘米，像戴了一顶不想戴的皮帽子。我发足狂奔，奔向三百米外的无限温暖的家……妈妈用邻居送来的乳汁揉我的头皮，揉了好久。街灯初亮时，我又满大街疯去了。第二天晚上疯完了，照例往井台边一站，倒提满满的一桶井水，哗啦啦冲凉。井边一圈小孩儿，个个倒提水桶，脑袋瓜爽歪歪。

二十世纪七十年代的男孩子，在挫折中茁壮成长。

苏东坡诗云："我家江水初发源，宦游直送江入海。"

苏东坡词云："一蓑烟雨任平生。"

苏东坡小时候顽皮不如我，这个毋庸置疑。他家原是五亩园，后来被别人弄到近百亩。我念书的城关一小与三苏公园只隔了一堵青砖墙，翻来翻去很方便。记不清翻墙跳园子多少次，爬树摘鲜果多少次，弹弓射鸟、竹竿钓鱼，更不在话下。

苏东坡显然是我的好邻居，我去他家千百次。当初我有点瞧不起他，现在我尊敬他，我的工作是研究他。

《品中国文人》写了那么多文人，平均三万字，唯独苏东坡占了近五万字。当时我对出版社说："苏东坡是我的邻居,能不能多写几页?"出版社答复:"苏东坡是公元十一世纪集大成的文化天才,又是你的乡贤,你还吃过他家的三十多颗荔枝,多写苏东坡完全可以!"

后记

这本书主要参考孔凡礼先生的《苏轼年谱》。宋代有了雕版印刷,流传下来的史料多,年谱可以做得细。孔凡礼先生做学问十分严谨。

我写苏东坡,从2001年的《苏轼,叙述一种》到现在,写了若干次。刘寅写了传记《探秘苏东坡》《初仕凤翔》,多年来颇受读者喜欢。

苏东坡的爷爷苏序,乃三苏家风的核心人物,他的为人行事,在意识、潜意识层面都对苏东坡产生了巨大影响。祖孙二人干的许多事,像是商量过。

九百多年来,把连接苏序和苏东坡的几条线,清晰而饱满地描画出来,本书是第一次。

本书大事不虚构,细节有想象。《庄子》《史记》不乏文学性描写。司马光写《资治通鉴》,采用了大量的野史、笔记、小说。

任何史实都需要超越史实的价值判断。

当年我写《品中国文人》,发现我回家看望父亲的次数明显增多,每周两三次。一回去,父亲就有"两多一好":说话多,吃饭多,情绪好。七八月大热天、大雨天,数九严冬,父亲是不下楼的,我必须回去,提前打电话。我在外地但凡有五六天,心里就隐隐约约有点不安。

从孔夫子到鲁迅先生,都是孝子。中国历代文化巨人,看来在指点我。

谨以此书献给妈妈的在天之灵。1994的冬天,我的妈妈去世。

写下"妈妈"二字,每次都悄悄哭。

刘小川
2023年1月于眉山之忘言斋

图书在版编目（CIP）数据

三苏家风/刘小川，刘寅著.—北京：中国青年出版社，2023.6
ISBN 978-7-5153-6954-9

Ⅰ.①三… Ⅱ.①刘…②刘… Ⅲ.①家庭道德-中国-北宋-通俗读物 Ⅳ.①B823.1-49

中国国家版本馆CIP数据核字（2023）第062404号

三苏家风

作　　者：刘小川　刘寅
责任编辑：罗静
书籍设计：末末美书（封面+版式）　将盏萤（插图）
出版发行：中国青年出版社
社　　址：北京市东城区东四十二条21号
网　　址：www.cyp.com.cn
编辑中心：010-57350508
营销中心：010-57350370
经　　销：新华书店
印　　刷：三河市君旺印务有限公司
规　　格：880mm×1230mm　1/32
印　　张：9.5
字　　数：185千字
版　　次：2023年6月北京第1版
印　　次：2023年6月河北第1次印刷
定　　价：58.00元
本图书如有任何印装质量问题，请凭购书发票与质检部联系调换。
联系电话：010-57350337